我发现了奥秘

# 世界上最最可怕的恐龙书

[韩]李浩先◎编著

吉林出版集团股份有限公司

**图书在版编目(CIP)数据**

世界上最最可怕的恐龙书/(韩)李浩先编著.—长春:
吉林出版集团股份有限公司,2012.1(2021.6 重印)
（我发现了奥秘）
ISBN 978-7-5463-8081-0

Ⅰ.①世… Ⅱ.①李… Ⅲ.①恐龙—儿童读物
Ⅳ.①Q915.864-49

中国版本图书馆CIP数据核字(2011)第264148号

**我发现了奥秘**

# 世界上最最可怕的恐龙书

SHIJIE SHANG ZUI ZUI KEPA DE KONGLONGSHU

出版策划：孙　昶

项目统筹：于姝姝

责任编辑：于姝姝

出　　版：吉林出版集团股份有限公司（www.jlpg.cn）

　　　　　（长春市福祉大路 5788 号，邮政编码：130118）

发　　行：吉林出版集团译文图书经营有限公司　（http://shop34896900.taobao.com）

总 编 办：0431-81629909

营 销 部：0431-81629880/81629881

印　　刷：三河市燕春印务有限公司（电话：15350686777）

开　　本：889mm×1194mm　1/16

印　　张：9

版　　次：2012年1月第1版

印　　次：2021年6月第7次印刷

定　　价：38.00元

印装错误请与承印厂联系

# 写在前面

　　孩子的脑海里总是会涌现出各种奇怪的想法——为什么雨后会出现彩虹？太阳为什么东升西落？细菌是什么样的？恐龙怎么生活啊？为什么叫海市蜃楼呢？金字塔是金子做成的吗？灯是什么时候发明的？人进入太空为什么飘来飘去不落地呢？……他们对各种事物都充满了好奇，似乎想找到每一种现象产生的原因，有时候父母也会被问得哑口无言，满面愁容，感到力不从心。别急，《我发现了奥秘》这套丛书有孩子最想知道的无数个为什么、最想了解的现象、最感兴趣的话题。孩子自己就可以轻轻松松地阅读并学到知识，解答所有问题。

　　《我发现了奥秘》是一套涵盖宇宙、人体、生物、物理、数学、化学、地理、太空、海洋等各个知识领域的书系，绝对是一场空前的科普盛宴。它通过浅显易懂的语言，搞笑、幽默、夸张的漫画，突破常规的知识点，给孩子提供了一个广阔的阅读空间和想象空间。丛书中的精彩内容不仅能培养孩子的阅读兴趣，还能激发他们发现新事物的能力，读罢大呼"原来如此"，竖起大拇哥啧啧称奇！相信这套丛书一定会让孩子喜欢、令父母满意。

　　还在等什么？让我们现在就出发，一起去发现科学的奥秘！

# 目 录

看，这只恐龙偷穿了鸟的鞋！ / 6

哇！飞到太空的恐龙化石 / 12

恐龙真的会变"恐人"吗？ / 18

这只恐龙长错了脑袋啊！ / 24

温柔的"多角将军" / 30

玩具王国的主角恐龙 / 36

穿着"奇装异服"的大恐龙 / 42

脖子最长的"拱桥" / 46

水中的"霸王恐龙" / 52

爱逃跑的"肿脑袋" / 58

幸运的大个子恐龙 / 64

古董恐龙偶发现 / 68

不怕冷的"千里眼" / 72

有着和鹦鹉一样嘴巴的恐龙 / 76

恐龙里选出的好妈妈 / 82

挖个地洞来当家 / 88

长得像牛的恐龙 / 92

咚咚咚，大个子登场 / 98

从不偷蛋的窃蛋龙 / 102

喜欢吃鱼的恐龙 / 106

长着两对翅膀的恐龙 / 110

最早发现的恐龙蛋是谁的？ / 114

哇！它长了三种牙齿啊！ / 120

谁是最早的"飞行家"？ / 124

头上插着"羽毛"的恐龙 / 128

天使恐龙的修炼史 / 132

恐龙中的小不点儿！ / 136

好奇怪的"奇异果"！ / 140

# 看，这只恐龙 偷穿了 鸟的鞋！

恐龙偷穿了鸟的鞋？这怎么可能？恐龙那么大，鸟在它身边就像只小蚂蚁一样，恐龙怎么穿得上鸟的鞋子呢？其实我们说的这只"鸟"是一种小型的食肉恐龙，从发现它的那天起，专家们就一直在争论它究竟是鸟还是恐龙。这个为人们带来巨大争议的家伙，到底有多少我们不知道的秘密呢？现在就一起去认识一下它吧！

# 哇！好大一只"鸟"啊！

这个家伙到底是鸟还是恐龙呢？尤其是它的名字——中华龙鸟，更让人有些捉摸不透。

其实，中华龙鸟是生活在很久很久以前的恐龙，因为它有着与鸟一样的脚爪和羽毛，所以，人们才给它起了这个形象的名字，这在恐龙中应该是个稀罕物。

# 高傲的独行者

这个像鸟不是鸟的大家伙，是用两只脚走路的。它们缩起略短的前肢，甩着长长的尾巴，虽然脚很像鸟，但是它们却没有鸟的好脾气哦，因为它们是残忍的肉食主义者。在当时，中华龙鸟横霸天下，所有的小动物都很害怕它们，因为在它们粗短的前肢上，长着锐利的爪钩，能直接刺穿小动物的身体。而且它们的后肢非常长，奔跑起来就像个跑步健将。高傲的它们时常单独行动，当然偶尔也会来个小聚会，几个一起行动，抓捕猎物。

# 恐龙羽毛的秘密

中华龙鸟长得真是不一般哦，因为它们的身上还长满了羽毛呢！一般只有小鸟才会长羽毛的，该不会是它们看小鸟的羽毛漂亮，偷偷拿来披在自己身上的吧？嘿嘿，这只是个玩笑。其实，根据专家的研究，恐龙身上看似羽毛的东西其实不是羽毛，这听起来好奇怪啊。原来，那是一种细丝状的皮肤衍生物，是它们装扮成羽毛的样子在迷惑我们的眼睛呢。所以，中华龙鸟是不能借助这个假羽毛来飞翔的，但是，假羽毛仍是中华龙鸟不可缺少的一部分，因为它们能在寒冷的天气里为中华龙鸟带来温暖，而且也是保护皮肤的"营养工具"哦！

## ★恐龙变成了小小鸟?

中华龙鸟的脚和小鸟的脚长得可真像啊！这一点科学家们早就发现了，为此他们至

今都在争论哦。原来有些看到中华龙鸟的科学家认为，中华龙鸟是恐龙进化成鸟类最好的证据，你看，它们的脚有多像。可又有科学家很不同意他们的说法了，这怎么能证明呢？谁说恐龙就不能长出这样一双脚呢？鸟类跟中华龙鸟一点关系都不可能有。就这样，科学家一直在争论着这个话题，究竟小鸟是不是恐龙变的，目前还是个谜哦！

## 蜥蜴是中华龙鸟的宝宝？

小朋友在出生前，大家都会兴奋地议论，宝宝是像爸爸呢，还是像妈妈呢？其实宝宝的样子早在妈妈的肚子里面就已经定型了，样子一定有和爸爸妈妈相像的地方。可是，当专家发现了一副中华龙鸟的化石骨架后，在场的人都震惊了。在这副中华龙鸟化石骨架的腹腔内，竟然有一个小的蜥蜴化石。

这难道是中华龙鸟的宝宝吗？其实这只是中华龙鸟的最后一餐。只是刚刚还在为生存而吃掉食物的它，还没有来得及将这只蜥蜴消化掉，自己也丢了性命。而那只蜥蜴就完好地在恐龙的腹中变成了化石。

## 趣味问答

### 中华龙鸟的化石是怎么被发现的？

　　中华龙鸟化石的发现使人类震惊。在当时，它成为全世界新闻、古生物界的焦点。它是在中国辽宁省西部被发现的，这个小小的恐龙化石体表上还长有原始羽毛，长得既像恐龙又像鸟，这样的特征深深地吸引着每一个关注它的人，地质博物馆的馆长就根据它的特征，给它起名为"中华龙鸟"。

# 哇！飞到太空的
# 恐龙化石

　　自从航天飞机飞入太空之后，人们便突发奇想，有一天我们要去太空旅游。在太空俯瞰地球，还可以去那个"钻石"星球挖钻石……我们本以为这些想法够有创意了，可是消失几亿年的一种恐龙竟然早我们一步，已经从那里旅游回来了，并且曾一度成为人们羡慕的"明星"哦。这是真的吗？去太空旅游的"明星"恐龙是谁呢？来看看你就知道啦！

# 曾经的"老外"龙是谁呢？

在三叠纪晚期时，生活着最早期的恐龙。其中一种生活在北美洲，它们的体型不大，但骨头很特别，就像是被精心雕琢过一样，但是骨头里面却是空空的。这种恐龙的身体十分灵活，跑步是它们最为擅长的运动，这种恐龙就是用双足行走、最爱吃肉、非常凶猛的腔骨龙。

# 这只"大鸟"有什么法宝?

　　唉！不是说恐龙吗，怎么又来个大鸟呢？其实我们说的还是恐龙，而且还是腔骨龙，因为它长得实在像一只大鸟。它们有着细长的脖子，十分灵活，小小的头，转动自如，这都是它们的可爱之处。下面就要讲讲腔骨龙的厉害喽！它长在前面的牙齿非常小，但是可别以为它们不厉害，这些小牙也是十分锋利的。但更厉害的还在后面呢，长在后部的牙齿就像一把隐藏的、长了锯齿的刀一样。腔骨龙就是用它们来切碎食物的，速度非常快哦。小朋友是不是觉这样的"大鸟"长得很可怕呢？下面还有法宝要给你们看呢，这个法宝就是长在它们身后的那条长长的大尾巴，它们可是腔骨龙能够稳步出行必不可少的"工具"哦。

## 好可怕的生存法则!

　　在自然界中，小动物们为了生存，不得不互相残杀。但是你听说过为了填饱肚子而吃掉同类的吗？腔骨龙就是这个

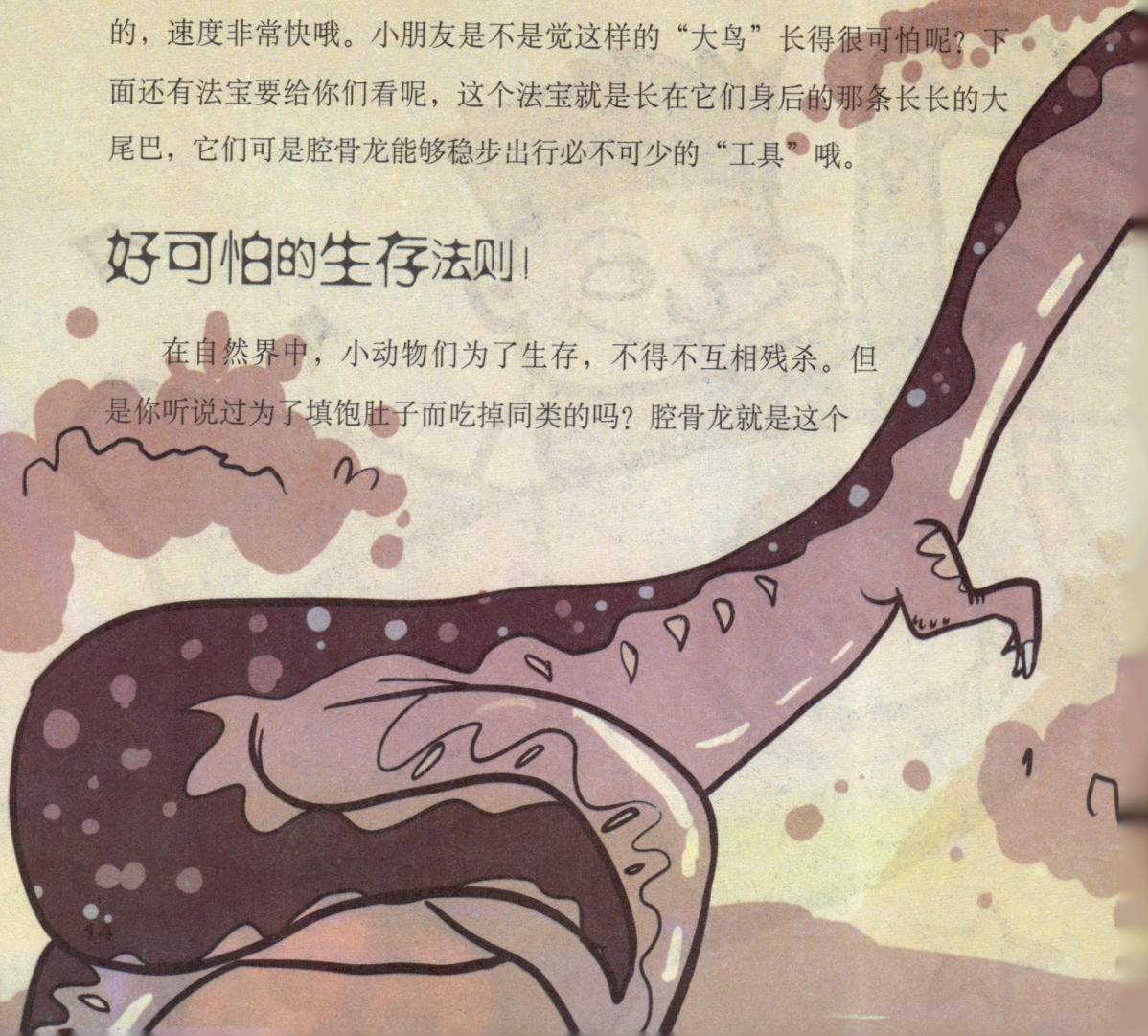

可怕行为者之一哦。它是典型的食肉恐龙，小型植食性恐龙就是它平时的主要餐点。在食物少时，它们也会委屈一下自己，一些食肉动物吃剩下的腐肉，也会被腔骨龙寻来填饱肚子。但在连腐肉都找不到的非常时期，腔骨龙就会变得非常烦躁，此时的它们更像是"冷血动物"了，食物的紧缺让它们开始自相残杀。在一个腔骨龙化石的腹中，有人曾发现过一个小型的腔骨龙的骨架，这真是太可怕了！所以小朋友一定不要挑食了，有食物吃的孩子是多么地幸福啊！

# 太空中飞来了两个 "第一"

　　曾经有这样一个消息，让一向低调的腔骨龙在各大媒体中登台亮相了。人们开始打探它，了解它，究竟发生了什么呢？原来腔骨龙飞到太空去了，当然它自己是不可能飞上去的，只是它的头骨被放在"奋进"号航天飞机中，带着飞行任务来到了"和平"号空间站，在太空旅游了一趟，终于安全返回了地球。太空可是人类的梦想啊！死了几亿年的腔骨龙去那儿"旅游"了，这当然会轰动世界了。

　　于是人们纷纷认为腔骨龙是第一个飞上太空的恐龙，这可让另一个名副其实的"第一"愤怒了，原来在更早以前，一个叫作"慈母龙"的化石就已经到过太空了。只是人类太偏心了，对这个"第一"关心不够，由于缺乏报道和宣传，这个"第一"就这么被人遗弃了。可正在热潮上的人们似乎不为所动，腔骨龙是"第一"已经扎根于内心了。为了让这个"第一"的理由更为妥当，只好又加了一条，腔骨龙是"肉食龙"中第一个飞到太空的恐龙！

## 腔骨龙的体内怎么有这么多水啊?

在腔骨龙的体内总有大量的水分,可是人类却不能像它们一样,这是怎么回事呢?原来人类的尿液是一种有毒的含氮排泄物,是通过水的稀释后产生的。而腔骨龙却不一样,它们体内的含氮物质是不需要水来稀释的,因为帮它们把有毒的含氮物质排出体外的,是一种叫尿酸的物质,它可是没有毒的哦。所以,这就是人类为什么不能像它们一样,为人体保留充足水分的原因,所以小朋友一定要记住多喝水来补充体内的水分哦!

# 恐龙真的会变"恐人"吗？

人类也是动物，不过是高等动物。在这么残忍的自然生存法则中，人类会用自己的智慧制造东西用来买卖，还有逐渐健全的法律，用来维护我们的安全。所以我们的生活是多么幸福啊！可是听说，如果恐龙没有灭绝，还有种非常聪明的恐龙，会变成人的样子呢。这是真的吗？要真是那样的话，人类可就遭遇大敌了，就算有再健全的法律对它们来说也毫无作用啊。它们是谁呢？我们悄悄地去看看吧！

# 最最聪明的恐龙是谁啊?

在恐龙史上，一种生活在白垩纪晚期的恐龙，经过几亿年的恐龙智力比拼，最终夺得了"最最聪明的恐龙奖"。现在宣布得主的名字，它就是归属于兽脚类的伤齿龙！人们都说大脑袋聪明嘛，伤齿龙就有个超级大的脑袋，这在恐龙中可是无敌的哦。而且通过古生物学家的推测，伤齿龙的智商比袋鼠的智商还要高哦，这就表明伤齿龙比现代的任何爬行动物都要聪明呢！再加上它们的感觉器官又十分发达，嘿嘿，这么有利的先天条件，想不聪明也很难呢。

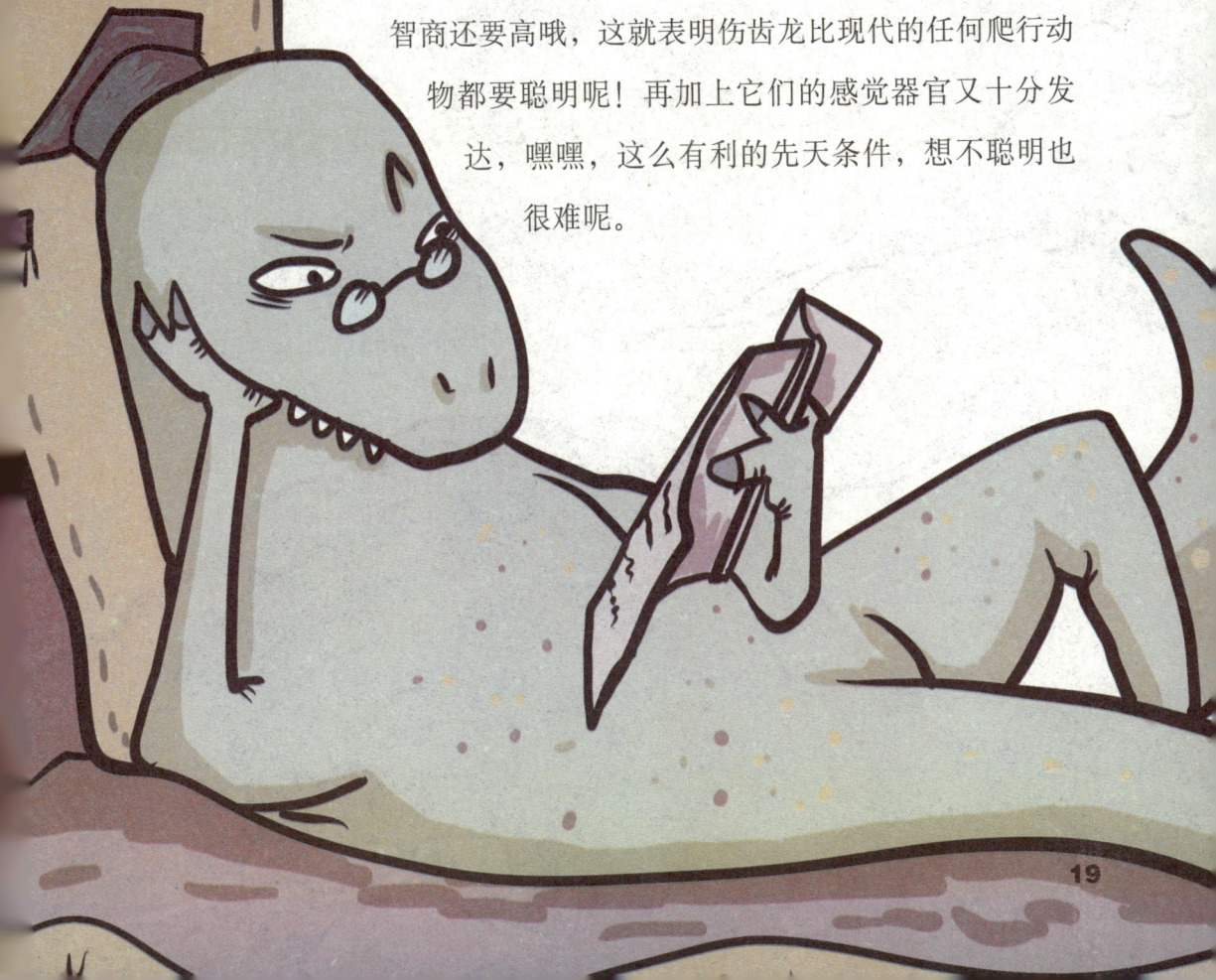

# 恐龙拼拼看

伤齿龙被发掘后，引起了很多国家的关注，专家对着一堆恐龙骨，就像小朋友对着一堆拼图一样，摸不着头脑。是啊，如果不看到原图，难免会对它产生很多的联想。有趣的是，伤齿龙的化石分布在美国、加拿大和中国，这几个国家的古生物学专家都在对它进行猜测。起初他们认为伤齿龙是一种蜥蜴，后来甚至认为伤齿龙是笨笨的恐龙。伤齿龙要是能感知这些，不知道会不会跳起来大叫：我才不是蜥蜴，我才不是笨龙呢！嘿嘿，淡定淡定！是金子总会发光的嘛，当伤齿龙的骨骼被组合起来后，它的聪明才智终于被人们发现和认可了。

## 看"人"字骨的厉害！

我们在平平的跑道上，如果跑得太快，也难免会摔跟头。可是伤齿龙生活的年代，谁会给它铺设平坦的道路呢？但是它们在坑坑洼洼、陡峭崎岖的山路上，却能跑得又稳又快，据说伤齿龙比鸵龙跑得还要快呢！要知道，鸵龙可是跑步冠军哦！伤齿龙跑得这么快，难道它们有什么高招吗？

原来在伤齿龙的尾部长着一个扁平的"人"字骨，这就是帮助它们身体平衡的秘密哦。经常跑步做运动的小朋友都知道运动能让我们变得非常健美。伤齿龙也因为常常奔跑而练就了一副修长的身型，只看一眼，就会被它们的气魄镇住哦！

## 伤齿龙为什么喜欢黄昏捕猎？

它们会选择黄昏捕猎也是它们的聪明之处哦。因为伤齿龙观察到了一个现象，它们最喜欢吃的蜥蜴和其他小型动物，视力都不太好，都患有现在所说的"夜盲症"，一到黄昏，天刚刚暗下来就看不清楚东西了。而伤齿龙却有着大大的眼睛，即便在光线暗淡的地方，也能够准确地捕获猎物哦。所以，黄昏为它们的捕猎活动带来了很多的方便。渐渐地，伤齿龙就养成了黄昏捕猎的习惯了。

# 它们的牙齿受伤了吗?

    这个最最聪明的恐龙,虽然名字叫作伤齿龙,但可不是因为它们伤了牙齿哦。除了大大的脑袋,伤齿龙还有另一个骄傲呢,那就是它们的牙齿。它们在白垩纪晚期时,就曾因这锋利无比、杀伤力强大的牙齿而闻名哦。爸爸妈妈常告诉小朋友,要经常欢笑给牙齿"晒太阳",这样不仅有助于身心健康,而且还会博得很多人的喜欢呢。可是伤齿龙却不能这么做,因为它们一露牙齿,猎物们就都跑光了。因为猎物们一看牙齿就知道,这就是杀伤力极强的"牙齿之星"啊!

## 恐龙变成"恐人"了吗？

　　啊？恐龙变成人了，那我们快逃吧！别急啊，这只是一种想象而已，事实上恐龙早就灭绝了，这已经是一个不争的事实了。只是在20世纪80年代时，一位古生物学家叫作戴尔·罗素，它对伤齿龙非常感兴趣，经常对它进行研究。一次，他把自己在观察伤齿龙时产生的一个观点说了出来，这让所有听者都震惊了。他说如果恐龙没有灭绝，那么聪明的伤齿龙很可能会演化出人的外形，也就变成了"恐人"。

趣味问答

# 这只恐龙
# 长错了脑袋啊！

名字已经成为一个人的标志，就像商标一样，多数只要定下来就要伴随终身了。所以每个小朋友都拥有父母起的好听的名字，这名字里包含了父母多少的爱啊！而对于消失了几亿年的恐龙来说，它们的名字是后来的人类赋予的，可是有个大恐龙差点就拥有了两个名字，而且它还顶着别的恐龙的脑袋"生活"了几十年，这听起来好奇怪啊！这个恐龙到底是谁呢？我们赶紧去找找答案吧！

# 巨大的恐龙现身啦!

曾经有一篇报道在当时家喻户晓。这篇报道中描述了这样一只恐龙:这只巨大的恐龙,虽然身体非常笨重,四肢却十分发达。特别之处是,它们长长的脖子和更长的尾巴都比身子长出好几倍,当它们用脚后跟支撑起庞大的身体时,那高度估计就快与飞机持平了。报道中还分析了这只恐龙可能在平原或森林中生活,它们还喜欢成群结队地出行。试想一样,这些庞然大物要是一同出行,那估计所到之处都会如同地震一般。而它就是现代人们所知的"迷惑龙"。

# 是恐龙引起的"战争"?

以前,各国经常因为领土的争夺发生战争。可是有一种战争非常奇怪,这场战争不为土地,不为财富,那是为什么呢?原来他们是在争恐

龙。在美国怀俄明州，古生物家马什的考察队采到了两副没有头骨的恐龙骨架，虽然这个恐龙骨架并不完整，但专家经过观察还是能确定，它是属于蜥脚类的恐龙。

马什非常兴奋，他一定要在第一时间发表这个重大发现，绝不能让他的对手们抢了自己的功劳。可是发表的文章上，要给它起个什么名字呢？因为时间太紧，马什只得匆忙地写下了"雷龙"这个名字。于是在经过大范围宣传后，"雷龙"便成了万众瞩目的焦点了。

# "雷龙"让马什很丢面子！

在发现"雷龙"之前，马什还曾发现过一只体型巨大的恐龙，这让第一眼看到它的马什感到迷惑，于是它就将这只恐龙命名为"迷惑龙"。可是，再次发现的"雷龙"却给马什带来了麻烦，因为当时太急于发

表，马什并没有对它进行过多的研究。随着后来的观察发现，"雷龙"怎么这么像迷惑龙呢？

最终，马什不得不承认，这次发现的"雷龙"正是迷惑龙。按照国际动物命名法的命名优先权，一种动物的命名要以最先定的名为准，所以曾经家喻户晓的"雷龙"被人们揭开面纱后，只得退出舞台，还迷惑龙一个真实的面孔。可是马什却因此丢了大面子。

## 快还我头来……

迷惑龙的身份终于得以证实了，它的骨架也被修复好了，那就快快展出给我们看看吧！可是又有一个问题出现了，迷惑龙的骨架缺少的头怎么办呢？这又让急脾气的马什忘了之前犯的错，它执意把圆顶龙的头骨给迷惑龙安上。此时的迷惑龙也只是一架巨骨，它是没办法发表什么意见的。但是细心的研究人员通过对迷惑龙部分头骨的研究，提议要把圆顶龙的头骨取下来，换成梁龙的头骨，但是这个提议也遭到了反对。

这样迷惑龙又托着圆顶龙的头骨伫立了30年，直到两名美国古生物学家对迷惑龙、梁龙、圆顶龙做了大量的研究对比后才发现，迷惑龙的头骨和梁龙更为相似。尤其在对于恐龙十分重要的牙齿上，迷惑龙的牙是棒状的，这和梁龙是一样的，可是圆顶龙却长着扁平的匙形牙齿。最后，迷惑龙终于换上了和自己相似的头骨，估计在换上头骨的那一刻，它定会大叹一口气，还是架着自己的脑袋舒服啊！

## 趣味问答

### 长脖子的迷惑龙是怎么生活的呢？

小朋友都见过长颈鹿，它的脖子很长很长，长长的脖子给长颈鹿带来方便的同时也带来了不少的麻烦。那比长颈鹿的脖子长出很多倍的迷惑龙，它是怎么安置脖子的呢？有人曾形容迷惑龙的颈柱就像是石膏板夹，它能把颈椎紧紧地捆在一起，但是迷惑龙不可以将长长的脖子完全扬起，因为那个弯度会让颈椎受不了的，颈柱还有可能会刺穿颈部的皮肤等软组织，所以，迷惑龙只得低缓着脖颈，像个谦逊的大孩子一样。

# 温柔的 "多角将军"

小朋友好喜欢迪士尼的动画电影啊，其中《星际宝贝》中有这样一句非常感人的话，出走的史迪奇，给小鸭子讲主人常讲给它的故事，它想起主人常说的话："家，就是没有人被抛在后面。"这句话感动过很多很多的人，因为那份亲情的力量是无限的。在恐龙家族中，也有一个这样充满亲情的大家族，它们是谁呢？我们一起去感受一下它们的温馨生活吧！

## "多角将军"的装饰品

在恐龙史中，记载着这样一个"多角将军"。那是在白垩纪晚期，一只颈部长着高高的盾的角龙，它的盾边缘长着一圈尖尖的骨刺，就像是古代战将背后的画戟一般，看起来可威风了。拥有这么多骨刺的它们，一定很喜欢"战斗"吧？其实它们那一圈骨刺只是用来恐吓敌人用的，要是遇到吃软不吃硬的敌人，这些骨刺就会胆小地呆在原地，什么忙也帮不上了。不过骨刺这个装饰品，倒是为多角将军赢得了一个很好听的名字——戟龙。

戟龙的骨刺虽然在战场上帮不上什么忙，但它们却是戟龙谈情说爱必不可少的武器哦！对于雄性戟龙来说，这圈骨刺可是它们提升吸引力的最好装饰物呢，因为雌性戟龙最喜欢看雄性戟龙那一圈骨刺带来的威武样子了，所以它们也成为雄性戟龙吸引伴侣最好的工具喽！

## 鼻子上长了武器吗？

就像壮壮的犀牛长有牛角一样，戟龙的鼻子上也长了一个厉害的武器呢，那就是锋利的鼻角。戟龙的鼻角很像古代人捕猎用的利器。从根部起由粗变细，到最顶端就形成一个尖利的武器了，这可是敌人最最害怕的，因为它会把敌人的身体刺出一个大大的窟窿来哦。如果有哪个家伙想挑战一下的话，戟龙可不会对它心慈手软的，它们的攻击可是不会给对方留后路的，所以每一次战争都会非常惨烈。而那个鼻角就是它们战胜敌人最有利的武器。

## 原来恐龙也不可貌相哦！

有些人说，从面相就可以看出他是好人还是坏人！但是，这似乎也不太准，至少对于戟龙来说，这绝对是谬论。因为看到过戟龙样子的人都认为它们一定很厉害，一定是凶狠的食肉恐龙。其实戟龙和我们想的完全不一样，它不仅不厉害，还很温顺呢！它们的鼻子上虽然长了厉害的角，但却不会主动攻击，随便欺负其他小动物。只有当它们受到威胁时，才会被迫发起攻击。

　　而且，戟龙也不崇尚肉食主义！它们是很讲究健康素食的。被它们当作主要食物的是长在平原的低矮植物的叶子。那像鹦鹉一样弯弯的嘴能够很巧妙地取下植物的叶子。你看，这个"多角将军"是不是还挺可爱呢？

# 戟龙的首领是怎样选出来的?

　　小朋友在学校，如果学习好又爱帮助他人，就会被评选为某某代表的职务。在戟龙的世界里，也要选出最棒的戟龙来带领群体，而戟龙是要凭借力气来评选首领的哦。那它们是用力气来打架的吗？戟龙可不是随便伤害同伴的"坏孩子"哦。它们的评比方式就像掰手腕、拔河的游戏一样，将彼此的颈盾骨刺卡在一起，相互推挤着，最终看谁的力气最大，谁就是赢者，谁也就能成为戟龙家族尊敬的首领了。

## 趣味问答

### 戟龙的足迹化石带来了怎样的故事？

在白垩纪晚期还能够进行种族繁衍的恐龙并不多，而戟龙就是其中一个。它们自始至终都在用亲情的力量，维护着这个大家族中的每一个成员。在美国和加拿大都发现了戟龙的足迹化石，专家还通过加拿大发现的足迹化石分析出一段感人的故事：

戟龙家族正一起行走觅食，突然冲出一只凶狠的艾伯塔龙，它想要吃掉小戟龙。这下可惹怒了戟龙家族，它们围成圈，把鼻角全朝向敌人，艾伯塔龙感觉到了强大的气势，最终只得落荒而逃。

# 玩具王国的
# 主角恐龙

　　所有喜欢恐龙的小朋友，在玩具中都会添置几个恐龙朋友。它们凭借自己的威武形象，俨然就是这些玩具成员的统领。那常常被小朋友当作玩具首领的是什么恐龙呢？如果有人举着这个玩具问你它是什么，我们只会告诉他这是恐龙，不过等看完下面的文字，你就可以告诉他这只恐龙的名字了，甚至还可以给他讲讲，这只陪伴我们的恐龙有着哪些有趣的故事！

# 要看好哦，我可不是蜥脚类祖先！

在非常遥远的晚三叠纪时期，生活着一种最最古老的恐龙族群，它们看起来像健美冠军一样，虽然样子非常可怕，但却在小朋友的玩具中、书籍中出现的频率最多，它们拥有很多"小粉丝"呢，说不定你也是其中一位哦！

这些陪伴小朋友一起长大的恐龙是谁呢？它就是长着小小的脑袋、大大的身子、长长的尾巴和脖子的板龙。板龙可不像木板一样扁扁的哦，它们的巨大身子就像吹起的大气球一样鼓鼓的。板龙刚刚被发现时，还曾被古生物学家们误以为是侏罗纪时期的大型蜥脚类的祖先呢，不过很快这个猜测就被推翻了。

# 它是大个子的始祖吗?

　　板龙是植食性动物中出现得最早的大个子恐龙！在板龙之前的植食性动物都只像一头猪的大小，而板龙却要大很多很多。它们是利用四肢爬行来寻觅食物的，这些大个子的主要食物，是长在地上的那些绿油油的植物。除此以外，它们有时也会够长在树上的美味叶子。当它们两脚站起来时，高度可以够到松树的树梢呢，这个高度可是在它之前的恐龙从未达到过的哦。

# 告诉你它的小秘密！

　　妈妈常常告诉我们要细嚼慢咽，这样才能有助于消化和吸收营养哦，我们才能快快地长成大个子。那板龙长得那么大那么高，是不是也会细嚼慢咽地吃东西啊？板龙和人类还是有不小的区别哦，它们的个子是先天形成的。板龙吃东西的时候，可不会那么斯文地细嚼慢咽，它们的吃法是直接吞下去。

　　板龙的这种行为似乎不像个乖孩子，但是，这也不能怪它们。因为板龙生来牙齿和上下颌就不适合咀嚼东西，所以只好直接吞下去了。同时，板龙还会再吞下些石头，把这些石头储存在胃中，用于帮助它们把食物打磨成糊状，这样就可以起到消化的作用啦。不过这一点小朋友是不能学的哦，因为恐龙的消化系统是我们人类无论如何也达不到的，小朋友吃石头那可是要住进医院的！

# 板龙为什么要"集体自杀"?

　　古生物学家曾在德国有个重大发现，他们找到了两亿多年前的板龙乱葬岗，数不清的板龙骨骼化石被堆在一起。但这可不是板龙集体自杀所致哦，据专家分析，这是当时恶劣的生活条件，摧毁了板龙群的生命。

　　这些板龙都喜欢过小群体的生活，就好像现在的野牛和羚羊一样。但它们也会经常面临食物紧缺的问题，这时就会出现大批的板龙迁徙。可是它们要到食物丰富的地方，就必须穿过一望无际的沙漠。而在沙漠的极端气候中，很多迁徙途中的大批板龙集体丧命于此。但团结的它们也会努力克服危险，因此在晚三叠纪恶劣的生存环境下，它们顽强地活了下来。

## 趣味问答

### 板龙有几个指头呢?

我们的五根指头都长在手上,板龙也有五根指头。在板龙的拇指顶端,长着一个尖尖的大爪,这个大爪给古生物学家们带来了很多的联想。有人认为这个拇指是用来防身的利器,也有人认为是用来填饱肚子,从树上或灌木上抓握食物的工具……会不会有更神奇的用法呢?那就要靠小朋友的想象了,因为板龙已经消失了,它留给我们的只有无尽的想象。

# 穿着"奇装异服"的大恐龙

在小朋友的世界里，充满了不同的乐趣。我们可以发挥想象，自己动手做出新奇的衣服，设计出不同的造型展示给人们看。那些奇怪夸张的装饰，不仅打开了小朋友无限的想象空间，还能让大人们感受到我们天真单纯的美好童年。但这些似乎只能展示在T台上，真是不过瘾呢！可是有一只恐龙，它却能在它们那个时期，穿上最最"新潮"的衣服出来觅食呢！当时的情景会是什么样的呢？睁大眼睛，我们快去看看吧！

# 罕见的食肉恐龙

在白垩纪中期，非洲出现了一种巨型恐龙，这种恐龙可是凶残的肉食主义者哦，它就是兽脚类中的棘龙。棘龙长得非常怪，它的背上有像小山一样的长棘，长长的嘴巴像鳄鱼一样张着，嘴巴里长满了尖锐的牙齿。它们在大型的食肉恐龙中，就像是穿着奇装异服的"外星人"。

## 棘龙爱吃鱼吗？

曾经有人形象地形容棘龙的牙齿像西餐刀一样。它们的牙齿是圆锥形的，表面长着几条纵向的纹路。而这种牙恰恰和我们现代的鳄鱼等爱吃鱼的爬行类动物很相像，后来，还有人在棘龙化石的胃部找到了鱼鳞。这似乎可以证明，当时鱼是棘龙最为主要的食物呢。尤其是它弯弯的牙齿形成一个倒钩形，可以很好地捕捉水中游动的鱼类。另外，人们还猜测，它们牙齿表面的纵向纹，有可能是将鱼肉黏在牙齿上的秘密武器哦。

43

# "天马行空"的棘帆用途?

棘龙的背上长着一个既像船帆，又像小山的东西，人们称它为棘帆。棘帆从棘龙的头部一直延伸到尾部，那棘帆有什么作用呢? 有人认为它可以带走身体多余的热量;也有人认为它就像骆驼的驼峰一样，能储存脂肪，在缺少食物的时候，可以用来维持生活;还有人说，它像孔雀的羽毛一样，是一种求偶的工具。这些想象还不算有趣的话，更有趣的还在后面呢，有人甚至认为棘帆就像太阳能的电池板一样，能够吸收太阳能，在棘龙所处的环境中，白天和夜间温差相差很大，这些储藏的能量，刚好可以作为夜间活动的能量。

## 这只倒霉的翼龙

小朋友不挑食，才能够保证体内营养充足，做最健康的

宝宝。这一点似乎几亿年前的棘龙就早已知道了，在它们的食谱中，可不是只有鱼这样单调的食物哦。曾有古生物学家就发现了这样一具早白垩纪时期的翼龙化石，他们观察到翼龙化石的颈椎被一颗牙穿透了。

这个倒霉的家伙是被谁伤到的呢？古生物学家决定帮它找到凶手，于是，这颗牙就在几亿年后，开始了寻找主人的历程。经过多方鉴定，最后证明这个凶手正是棘龙。这只倒霉的翼龙就成了棘龙主要食物以外的另一美餐了！

## 棘龙和暴龙一样厉害吗？

棘龙最早是在非洲发现的，也是非洲特有的恐龙。它的名字虽然远没有暴龙那么响亮，那么吸引人，但这只是人类对它们还不够了解造成的，其实棘龙的体型几乎跟暴龙一样庞大。暴龙是凶残的食肉恐龙，一提到它人们都会有一种可怕的感觉。而同样是满口利牙，也为食肉恐龙的棘龙，它要是发起威来，那可怕的程度一点也不逊色于暴龙哦！

趣味问答

# 脖子最长的 "拱桥"

　　要说起中国的桥，那可是历史悠久呢，最著名的有十座桥，比如每根柱子上都雕有石狮子的卢沟桥，还有坐落在颐和园的玉带桥……如果这些小朋友们都不熟悉，那种十分常见的拱桥，我们应该都不陌生吧？为什么说到桥呢？因为下面要讲的恐龙中，有一种恐龙的形体非常奇特，就像是在用肢体来描绘人类的拱桥一样。那会是怎样的一只恐龙呢？在下面的文字里就告诉你喽！

# 专吃名贵树叶的恐龙

目前，红木和红杉树都是非常有价值的珍品树种，它们都被视为名贵树种。但在侏罗纪晚期，地球上生长着茂密的森林，森林里就长有红木和红杉树。但它们在那个时期可没有这么名贵，因为数量非常多，随处都可以见到它们的身影，而它们也仅仅是为恐龙提供食物。最爱吃这种植物的恐龙叫马门溪龙，它们常常三五个老友聚在一起，一边悠闲地行走，一边用那排细小的、像小钉子一样的牙齿，享用着这些名贵树种的叶子。

## 这真的是脖子吗?

恐龙的种类太多了，到底怎样才能找出马门溪龙呢？很简单，你只要找出脖子最长的那只恐龙就好了，它就是马门溪龙。马门溪龙的脖子比它们的整个身体都要长一倍呢，而且非常细。这么长的脖子是不是

都可以代替腿，不用行走就可以想要什么就拿什么，想吃什么就吃什么呢？

这个长脖子可没有我们想象中那么厉害哦！因为马门溪龙的颈椎骨是相互叠压着支撑起来的，所以活动时非常地僵硬，只能慢慢挪动，看起来非但不灵活，而且还显得有点笨拙呢！不过，这个长脖子倒是使马门溪龙成为了目前已知的世界上拥有颈椎骨最多的恐龙哦。

## 眼睛对马门溪龙的重要性

眼睛是最能传达信息和情绪的了，而恐龙的威慑，也是通过它们的眼睛传达给整个自然界的。那犀利的眼神就像是一把无形的尖刀，对

此，人类也是充满了好奇。经过观察研究，科学家发现马门溪龙有着一双能调节光线的眼睛，而给它带来这个本领的，就是长在马门溪龙眼睛里的巩膜环。

据推测，马门溪龙的视力应该非常好，它们可以敏锐地观察到更大范围的环境变化。这双眼睛能够使它们迅速发现险情，提升自身的应变能力。在如此残酷的生存环境中，眼睛成为马门溪龙最忠实的伙伴。

# 马门溪龙的仇家是谁?

　　有一种恐龙和马门溪龙生活在同一个时代、同一个地区，这就是食肉恐龙——永川龙。要是按照人类的说法，同样都属于恐龙家族的成员，又是邻居，那就应该算是亲上加亲了。可是这个亲戚不但不讨马门溪龙喜欢，而且还是马门溪龙天生的冤家对头呢！

　　永川龙虽然没有马门溪龙那样巨长的脖子，但它们的尾巴却是十分地长，可别小瞧这条长长的尾巴啊，它可为永川龙带来了不小的帮助呢！永川龙天生就是个懒懒的家伙，当它们站立时，这条长长的尾巴就像老爷爷用的拐杖一样，支撑着它的身体。当这条长尾巴翘起来时，又好似平衡木一样，时刻为它保持着身体平衡。

趣味问答

## 移动的"拱桥"

　　中国有很多大大小小的桥，这其中的拱桥，一定是小朋友最为熟知的，它被广泛地修建于很多地方。拱桥的形状很像是一个中空的、椭圆形的小房子。专家在分析马门溪龙的外形时，发现它们在站立时就和拱桥非常相像。它们有像桥墩一样的四肢，支撑着沉重的身体。颈部和尾巴长长地向两边延伸着，好像马门溪龙在用它们形象地描述着人类修建的拱桥一般，非常神奇！

# 水中的 "霸王恐龙"

　　小朋友都知道，一只老鼠就能将一头大象给活活憋死；一群蚂蚁可以将一头狮子慢慢咬死……在很久很久以前，有种很大的恐龙也经常被一些小虫虫欺负得很伤心，很痛苦，有些还被折磨得死去了。这是什么恐龙呢？在它们身上究竟发生了怎样的事情呢？赶快去瞧瞧吧！

# 海里的霸王是谁呢？

在海洋中，鲨鱼就像是水中之王一样，就连我们人类也会感到害怕。可是在恐龙时代，有一种海生的恐龙，它的个头非常巨大，就算用世界上目前已知的所有的恐龙跟它比，都不会有哪一种恐龙能够超过它的体型，这条巨型恐龙就叫作平滑侧齿龙。

平滑侧齿龙的桨鳍很长，牙齿的长度也比最凶猛的暴龙要长很多。在海中生活的平滑侧齿龙拥有非常惊人的肺活量，它只需要深吸一口气，就可以在水底潜伏一个多小时。再加上它速度快，牙齿锋利，海里的动物们，一见了它都会胆战心惊地赶紧逃跑。

# 它们哪里像鳄鱼呢？

平滑侧齿龙和鳄鱼的相同之处就是，它们都有一个能和自己和平相处的"小伙伴"。

我们都知道鳄鱼是一种非常凶狠残忍的动物，但是它却只为牙签鸟张开嘴，任凭它们在鳄鱼的嘴里怎样地东敲西啄，鳄鱼都会乖乖地等它们飞出来后才会把嘴巴合上。为什么鳄鱼不咬它们呢？原来，这些牙签鸟在享用鳄鱼嘴中的残渣的同时，也在为鳄鱼剔牙呢！这样可以防止鳄鱼得牙病啊，所以鳄鱼当然不会伤害它的"牙医生"了。

在平滑侧齿龙的背上，有一个天然的大鱼缸，里面还养着一些小鱼呢！是什么让这些小鱼不畏惧凶恶的恐龙奋不顾身地靠近它们呢？原来，在

平滑侧齿龙的背上，寄居着很多的苔藓、海藻和珊瑚。小鱼就是为这些美丽又营养的生物而来的，在这里，它们可以找到很多自己喜欢吃的东西呢！这对于平滑侧齿龙而言，也不是什么坏事啊，何乐而不为呢？

## ★恐龙为什么会输给小虫子呢？

一个单位是小，但集结起来就会形成不可估测的能量。平滑侧齿龙和小虫虫的斗争就可以证明这一点。

当研究人员正试图寻找一只平滑侧齿龙的死因时，它们观测到，在这个霸王恐龙的眼睛周围的地方，好像被虱子全部占据了。可是这显然不会影响到平滑侧齿龙的生命的，再仔细观察，它们的身上怎么寄生着好多蠕虫啊？

蠕虫就寄生在平滑侧齿龙的耳孔和鼻孔里，我们可以想象，当这两个器官被蠕虫痛苦地折磨着时，平滑侧齿龙没有像人类一样灵活的手，可以除掉这些虫害，那时的它该有多么痛苦啊！于是，很多备受蠕虫摧残的平滑侧齿龙就慢慢地变成了聋子，失去了嗅觉。它们看不见猎物，又闻不到味道，怎么还能捕猎呀，所以就被活活地饿死了。想想看，这样一个霸气的恐龙竟然会毁在一群小小的蠕虫手上，这是多么残忍啊！

## 平滑侧齿龙是单独行动的吗?

　　平滑侧齿龙的霸气可不是只针对猎物哦，它们的性格很怪，只喜欢独自活动，甚至有同类靠近它们都不行。也正因为如此，它们规划和保护着自己的地盘，不准许在它们划定的范围内出现其他任何一只平滑侧齿龙。如果有不知深浅的同类，大胆地闯入它们的地盘，这只正在巡逻的平滑侧齿龙，就会火冒三丈，为了保卫自己的领土，会拼出性命与入侵者对抗。

# 爱逃跑的
## "肿脑袋"

　　我们常常说，谁坚持到了最后，谁就是赢家！在消失的恐龙时代，出现在最后辉煌时期的一种恐龙，却没有了恐龙的霸气，反而还很胆小呢！它们是不是长得太小敌不过强大的敌人？或是丢失了它们攻击敌人的武器？在下面的文字中，不仅能解答这些疑惑，而且还有更多有意思的故事呢！还等什么？现在就去认识一下这种胆小的末代恐龙吧！

# 出现在最后的辉煌时期

在白垩纪晚期，一只看起来彬彬有礼的恐龙出现了。它就是肿头龙。为什么叫肿头龙呢？因为它们的头盖骨长得很特别。头上鼓出一个硬硬的壳儿，圆圆的，就像戴了一顶大帽子。肿头龙身型不大，颈部非常厚实，但却没有印象中的恐龙脖子那么长。不过，恐龙固有的前肢短、后肢长的特点还是被肿头龙保留了下来，而且它还拥有一条坚硬的尾巴。出现在恐龙时代最后的辉煌时期，肿头龙看起来似乎平和了许多，没有那么强的争斗气势，显得非常温和。

## 坚硬的大脑袋有什么秘密吗？

当小朋友在图片中看到肿头龙时，一定会不自觉地被它的大脑袋所吸引，在那个圆鼓鼓的脑袋里究竟装着什么呢？告诉你哦，那里面可全都是坚硬的骨头。你能想象出它有多重吗？这么厚重的大脑袋，若是撞到谁，谁可就要倒大霉了！

在肿头龙家族中有一个选首领的比赛，这是它们家族中最隆重的时刻。所有准备参赛竞选的选手都要让自己的头准备好，因为选首领的比赛就是要看谁的头更坚硬，更有力。在比赛时它们要用头相互碰撞，只有最后的赢者才有资格统领整个家族哦！

## 爱争输赢的大脑袋

这个坚硬的大脑袋，不仅仅是用来争夺地位的，当雄肿头龙遇到自己喜欢的雌肿头龙时，它们的大脑袋又能派上用场了。原来在肿头龙

61

中，还经常会有为争夺伴侣而举行的争夺赛，用同样的方式，只有最后胜利的一方才能赢得雌肿头龙的爱慕，把雌肿头龙带走。而输掉的一方，就只能伤心失落地离开了。

## ★喊冤枉的肿头龙

像是戴了顶小礼帽的肿头龙，看上去就像个温文尔雅的绅士，可是它们怎么总是打架呢?

可别冤枉了绅士肿头龙，实际上它们是非常热爱和平的。它们的打架只是出于一种生活习惯，肿头龙可不是个爱打架的坏孩子。在它们的家族里，依然秉承着和睦友好的作风。它们在一起过着群居的生活，平日里从来不会起争执。肿头龙最喜欢结伴去寻找爱吃的果实、新鲜的植物叶子和种子。撞头事件纯属是偶发的处世方法，小朋友们可不要因此而误会它们哦。

## 哈哈！肿头龙吓得逃跑了！

　　了解了肿头龙撞头时的威武，小朋友一定会想，如果有哪个坏家伙想欺负肿头龙，它们一定会毫不客气地用坚硬的头骨把敌人撞晕。可是对于只吃植物的肿头龙来说，如果敌人是一个高大凶猛的食肉恐龙，那估计它们当时会吓得都想不起来用自己坚硬的大脑袋了，而是会留下满天的烟雾，灰溜溜地逃跑。对它们而言，保住性命要比顽强抵抗更为实际。

# 幸运的
# 大个子恐龙

在恐龙时代，生存环境极为残酷，但是有一种长着大高个儿的恐龙，却过着悠闲自得的生活，这大个子是谁呢？为什么它们能这么幸运呢？让我们一起去看看，它们究竟是怎样生活的吧！

# 爱挑食的大个子

　　我们已经知道马门溪龙有个长长的脖子，它可以吃长在高处的红杉树的叶子。其实，除了它之外，还有一种恐龙——萨尔塔龙，它们也长着长长的脖子，这个脖子同样也会帮它们找到丰富的食物，而且有的食物还是其他小型动物见都没见过的呢！只是，这个优势让它们养成了一个挑食的坏习惯。因为它们的食源充足，所以常常只把植物顶端最好的部分挑着吃掉，剩下的残枝烂叶它们看都不看一眼。怎么样？萨尔塔龙的嘴够刁的吧？

　　不过，萨尔塔龙还是挺爱干净的，它们非常喜欢玩儿水，尤其是在天气炎热的时候，它们就会像大象一样在水中嬉戏。在那个弱肉强食的环境下能过上这么惬意的生活，还真让不少小动物羡慕不已，萨尔塔龙可真称得上是幸运儿啊。

## 庞大身躯上的小秘密！

　　萨尔塔龙其实和被人安错脑袋的迷惑龙长得很像，它也有长长的尾巴和鼓鼓的庞大身躯。不过，萨尔塔龙却没有迷惑龙好看，因为它的身上总是坑坑洼洼的，看起来好丑陋。

其实那是它们身上的圆形骨板。因为单个的骨板只有我们的拳头那么大，而且这些骨板长得还不一样。有些骨板上面长着骨钉，有些骨板与骨板之间还有像小豆粒一样的骨结节，许多这样长相不一的骨板连接在一起，自然就会出现坑坑洼洼的样子了。没想到吧？这个庞大的身体上，原来还有这么多小秘密啊！

## 让你想不到的神秘武器！

萨尔塔龙那么悠闲，看起来就像是个温顺的"乖孩子"。可如果遇到敌人，它们可就一改常态，开始发威了。萨尔塔龙生来就穿着一件保护衣。这件保护衣十分厉害，当有坏蛋欺负它，想要撕咬它的脊背时，萨尔塔龙身上的神秘武器就会发出它们的威力了。骨板、骨结节、骨钉会集结起来，一同奋力抗敌。直到让这个小看它的捕食者伤痕累累地逃跑才肯罢休。原来这些神秘武器十分坚硬，能把捕食者的上下颌或牙齿撞伤呢！

可是，受了伤的捕食者也不是傻瓜哦，它们下次再来攻击

时，一定会避开萨尔塔龙长满武器的身体，如果它们咬住萨尔塔龙的尾巴怎么办呢？不用担心！因为萨尔塔龙长长的尾巴上长有一个厉害的尾梢，它就像鞭子一样，很有杀伤力，攻击者是不敢随便靠近的。

趣味问答

## 萨尔塔龙过着怎样的生活？

人类对蜥脚类恐龙的进一步了解，可离不开萨尔塔龙的功劳哦！因为萨尔塔龙也是蜥脚类恐龙。

古生物学家在发现萨尔塔龙并不完整的骨架后，通过研究才对它们有了一些新的了解。研究发现，萨尔塔龙是生活在晚白垩纪时期的。那个时期，出现最多的恐龙是鸭嘴龙、角龙等，而大型的长着长长脖子的植食性恐龙已经很少了，萨尔塔龙是为数不多的幸存者。它们长得和迷惑龙很像，在它们悠闲地行走时，从远处看，好像灭绝了几千万年的迷惑龙又复活了一样。

# 古董恐龙

## 偶发现

没有人知道恐龙为什么在地球上消失了，至于恐龙是什么时候出现的，好像也没有一个确定的答案。那恐龙专家们挖出来的最古老的恐龙化石是谁的呢？下面，就一起去看看这个被认为是地球上第一只恐龙的样子吧。

## 最古老的恐龙叫什么？

这种恐龙叫始盗龙，意思就是"黎明猎人"。因为人们觉得是它的出现带来了恐龙时代的黎明。

始盗龙是一种体型比较小的恐龙，它的身型和现在的狗差不多大，体重也就在十几斤左右。它一般用后肢来行走和奔跑，有的时候也可以"手脚并用"。它有五根指头，只是第五根指头已经退化，变得很小很小了。

## "黎明猎人"吃些什么?

　　始盗龙的牙齿有点奇怪,它的嘴里竟然有两种牙齿。长在后面的牙齿像是带槽的牛排刀,可以撕裂肉食,这说明它应该是吃肉的恐龙;可是长在前面的牙齿却像树叶,这又和植食性恐龙很像。据此判断,这个黎明猎人应该是个不挑食的"好孩子",是个荤素通吃的杂食恐龙。

　　始盗龙有很棒的捕猎能力,它能打败和它体型差不多大的猎物。而且它的身体很灵巧,能在很短的时间内快速抓住猎物。恐龙专家推测,始盗龙的食谱里不光有爬行动物,说不定还有早期的哺乳动物呢。

## 这只恐龙的发现只是个偶然

　　始盗龙被发现的地方有着一个美丽的名字——月亮谷。那是位于南美洲阿根廷西北部的一处荒凉的旷野,人迹罕至,就像是到了月球一般,而挖掘小组的成员却在这里挖出了巨大的惊喜。

　　挖掘小组在一片乱石里无意间发现了一个头骨化石,

这让小组成员们兴奋不已。他们又将这个废石堆反复挖掘了很多遍，终于，一副完整的始盗龙骨架出现在了他们面前。这具恐龙化石是人类从没见过的品种，经研究发现，它是所有发现的恐龙中最为古老的恐龙。

# 它们吃了人类的祖先吗？

从始盗龙的前肢结构可以看出，它是非常适合抓捕猎物的，也许它还能捕食比自己体型大的猎物呢。虽然这些都只是推测，但从它矫捷的体态上可以看出，它一定是个善于追捕的猎手。再加上它长着像尖刀一样的牙齿，说不定，人类的祖先就曾遭受过它的猎杀呢！

## 恐龙的祖先是谁？

在恐龙史上，还有一种古老的恐龙叫兔鳄，它是一种像兔子一般大小的小型恐龙。很多古生物学家都认为，恐龙有个共同的祖先，那就是在兔鳄和始盗龙之间的一种恐龙。而且，经过大量研究发现，南美大陆很有可能是最早出现恐龙的地方，这里也因此成为恐龙的摇篮。

趣味问答

# 不怕冷的
# "千里眼"

        大家都知道地球上最冷的地方就是南极和北极了，那里一年四季都是冰天雪地，可是那里却生活着很多不怕冷的动物。在南极有可爱小巧的企鹅、聪明的海豹、胖胖的海狮；在北极有白白的北极熊等。在恐龙时代，地球上就有了寒冷的南极和北极，而且在南极还生活着一种不怕冷的恐龙呢！它长什么样呢？它怎么不怕冷啊？一起去找找答案吧！

# 不怕冷的恐龙叫什么？

　　这种不怕冷的恐龙叫作雷利诺龙，也叫作利琳龙或者神眼龙，它生活的时期距离现在有一亿一千多万年。这个名字是最早发现它的恐龙专家用他女儿的名字来命名的。

　　雷利诺龙是一种小型植食性恐龙，它们强壮的后肢可以用来奔跑，在遇到危险的时候，雷利诺龙会像现在的羚羊那样快速地跑掉。另外在它们短小的掌部上，还长着5根指头，凭借这5根指头，就可以顺利地摘下树叶来吃。

# 雷利诺龙为什么不怕冷?

如果雷利诺龙和别的大多数恐龙一样,是冷血的变温动物,估计它早就在南极冻死了。南极的天气非常寒冷,而且还有一种奇怪的现象叫作极夜。每当这个时候,一天24小时就会成为漫长的黑夜。没有太阳光的照射,南极就更冷了。但雷利诺龙不怕冷,因为它的身体有自动调节体温的功能,所以再冷的天气对于雷利诺龙来说,也只是小菜一碟了。

## 它还是个"千里眼"呢

雷利诺龙除了不怕冷之外,还有一个大本领呢,它可是个"千里眼"哦! 这也是有人叫它神眼龙的原因。

雷利诺龙很有可能是视力最好的恐龙。从它的头骨化石上可以看出,曾经的它长着一对大大的眼

啊嚏!

睛，而且这对大眼睛能在漆黑的夜里看清所有的东西，就像现在的猫一样，可以在伸手不见五指的夜里捕食猎物。

# 伟大的妈妈

雷利诺龙喜欢群居生活，它们会给自己的家族选出一位领导，这位领导通常都是由一位雷利诺龙妈妈来担任的。

妈妈的责任非常重大，不光要抚育小恐龙，给它们找食物，还要当小恐龙们的老师，教它们生存的本领。等小恐龙们长大后，这个恐龙妈妈还要给不同的恐龙分配不同的任务。它们的生活是不是很像可爱的小蚂蚁啊？十分有趣吧？

## 极夜是什么？

在我们的生活中有白天和黑夜之分，可是在南极和北极，还会出现另一种现象——极夜。

极夜来临时，全天24小时都会被黑夜吞没，太阳公公会躲起来，白天会消失。为什么会有极夜的现象呢？原来地球是以地轴为中心围着太阳转的，而这个地轴就是南极到北极之间的轴。所以在一年中的某些时间，太阳照不到南极或北极的一些地区，那里就会出现寒冷的极夜了。

趣味问答

# 有着和鹦鹉一样嘴巴的恐龙

　　"头戴红缨帽，身穿绿战袍，说话音清脆，时时呱呱叫。"这个谜语说的是什么动物呢？相信小朋友们都能猜出来，它是鹦鹉。鹦鹉有着色彩艳丽的羽毛和尖尖的弯嘴巴，是一种很特别的鸟，因为它可以模仿声音，学人说话。恐龙里面也有一个长着弯弯尖嘴的家伙，它的嘴和鹦鹉的嘴很像，那它会不会说话呢？别急，看看下面，答案就在里面哦！

# 嘴巴像鹦鹉的恐龙叫什么？

因为这种恐龙的嘴巴和鹦鹉的嘴巴长得很像，所以被叫作鹦鹉嘴龙。

鹦鹉嘴龙体型比较小，跟小猪差不多大。刚从蛋里孵化出来的鹦鹉嘴龙宝宝，小得和人的手一般大小。它的头短而宽，鼻子也短，鼻孔的位置高高的。嘴的前端弯曲成一个钩子的形状，和鹦鹉的嘴特别像。不过，它们还有鹦鹉没有的牙齿，而且这些牙齿还像一把把尖刀一样，非常锋利。

鹦鹉嘴龙和大多数恐龙一样，前肢只有后肢的一半长，每条前肢上长着三根指头，每条后肢长着四根指头，这可是它们用来走路和奔跑的最好工具哦。

# 鹦鹉嘴龙能学人说话吗?

鹦鹉嘴龙虽然有和鹦鹉一样的嘴巴,可是它并不会学人说话哦。因为它只是一只恐龙,是很原始的动物,而现在的鹦鹉是一种很聪明的鸟类,在不断地进化中变成了一种很特别的鸟类。

## 它喜欢吃什么?

大部分鹦鹉嘴龙生活在湖泊或者河岸地区,它喜欢吃岸边柔嫩多汁的枝叶。

它的嘴巴很坚硬,能咬断一些脆脆的树枝,然后再用牙齿嚼碎。它

???

你好!

你好！

吃这么硬的东西，会不
会消化不良啊？放心！在鹦鹉嘴龙的
胃里，有帮助消化食物的胃石。所以，这点硬硬的树枝对
于鹦鹉嘴龙强大的胃来说，根本就算不上什么了，它们尽管放
心地吃吧！

## 勇敢的鹦鹉嘴龙妈妈

　　在中国就曾发现过一块鹦鹉嘴龙化石，在对它进行仔细研究后发现
了一个鹦鹉嘴龙妈妈的故事：在很久很久以前，鹦鹉嘴龙妈妈带着一群刚
出生不久的宝宝们在山坡上玩。突然，附近的火山爆发了，地像要裂开一
样，鹦鹉嘴龙妈妈赶紧保护着小宝宝们向山下跑去。跑着跑着，它发现了
一个洞，于是它就把小宝宝们藏在了洞里，而它自己却站在洞口，用自己
的身体挡住火山灰……后来，它们就变成了我们看到的化石。

# 鹦鹉嘴龙的家庭

鹦鹉嘴龙可是个很有责任心的家长哦，它们会亲自把自己的孩子养大。就在人类对恐龙化石的不断寻找中，中国还意外地发现一家子鹦鹉嘴龙的化石呢！

在一个狭小的空间里，一头成年鹦鹉嘴龙的身边紧紧地围绕着一群小鹦鹉嘴龙，而这些小鹦鹉嘴龙的体型都是袖珍版的，看起来十分可爱。科学家认为，这应该是一个相亲相爱的大家庭，只是，由于年代太过久远，目前还不能分辨出，这只成年鹦鹉嘴龙是雌性还是雄性。

## 谁是鹦鹉嘴龙的血亲？

在发现鹦鹉嘴龙以后，它奇怪的样子引来了很多人的关注，古生物学家们也非常感兴趣。他们仔细观察着这个深埋地下的古董恐龙，发现鹦鹉嘴龙应该和三角龙等角龙类恐龙有着非常亲密的血缘关系。但是从它们的身体构造来看，显然是要比这些三角龙更原始了。从这点分析，它极有可能是出现在更早时期的部分角龙的祖先。

趣味问答

# 恐龙里选出的
# 好妈妈

在每个小朋友眼里，妈妈都是最温柔最漂亮的。她会给我们做很多好吃的，把我们的脏衣服洗得干干净净的，每天晚上还会给我们讲好听的童话故事……在恐龙世界里，也有好妈妈，它会非常辛苦地照顾小恐龙们，直到它们长大。那这个好妈妈恐龙是谁呢？它是怎么照顾和保护小恐龙的呢？那就一起走进恐龙世界去看望一下这位好妈妈吧！

# 为什么叫它好妈妈?

　　慈母龙的拉丁文含义是"好妈妈蜥蜴",动物学家之所以给它命名为慈母龙,是因为它们会把孩子含辛茹苦地抚养长大,而不像有些恐龙,在产蛋后就对宝宝们不管不顾了。

　　慈母龙妈妈的窝有圆形饭桌那么大,在产蛋前,它会把柔软的东西垫在筑好的窝里。慈母龙一次能产下至少20个蛋,它的蛋宝宝是圆圆的,有点像现在的柚子。产蛋后,这个好妈妈就会一直在窝边守护着未出壳的宝宝,防止它们被别的恐龙偷走。为了早点看到自己的宝宝,每天的大部分时间,慈母龙都会卧在蛋上用体温温暖着它

们，让它们早日出壳。

那要是慈母龙妈妈饿了怎么办啊？它总不能带着蛋宝宝一起去找吃的吧？放心，这时总会有其他的慈母龙妈妈帮助它照看一会儿的。等小恐龙出生后，妈妈和爸爸就会一起照顾小宝宝，细心的慈母龙妈妈会先把坚硬的食物嚼碎，然后再喂给这些乖宝宝吃。小慈母龙也很乖，它们一点儿也不挑食，树叶、水果和种子它们都非常喜欢吃。

在慈母龙无微不至的关怀下，小慈母龙一天天地长大了，不过它们要到10至12岁才不再依赖爸爸妈妈，独自去找食吃，到15岁才会离开温

暖的家去独立生活。你看，这个好妈妈多么辛苦啊！

## 它长得漂亮吗？

在每个小朋友心里，妈妈都是天底下最最漂亮的。那这个被称为好妈妈的慈母龙长得漂亮吗？如果看了它的图片，你可能会有点失望。慈母龙的脸很像鸭子的脸，又长又宽，并且还有一个短短的"鸭子嘴"。不过它的个头非常大，这可是哪只鸭子都比不过的。

慈母龙的额头上，有一个小小的冠状突起，看起来像是长了一个包。而且它还长有宽宽的鼻子，小小的鼻孔。在身后，还有一条长长的大尾巴，这条尾巴足足占了整个身体长度的三分之一呢。当它走路的时候，四条腿会全部派上用场，但奔跑起来时，就只靠两条后肢了，两条前肢则会暂时休息。因为，只有这样才可以提高它的跑步速度哦。

## 好妈妈恐龙有↑好脾气

　　并不漂亮的慈母龙却有着一个非常好的脾气，别看它是个庞然大物，可它的性情却十分温和，照顾宝宝时永远都是那么慈爱。

　　小恐龙刚出生不久，饭量就大得不得了。这可累坏慈母龙妈妈了，它要出去寻找大量的食物才能把小恐龙们喂饱。这时，成年的慈母龙也不会不耐烦，不管走多远的路，它都会为宝宝去找吃的。找到食物回

来后，看到待食的宝宝，成年慈母龙也顾不上休息，就一个一个地喂给它们吃。在小慈母龙的眼里，妈妈永远都是最温柔的，除非是遇到来攻击它们的敌人，妈妈才会露出凶恶的样子吓跑它们，有时甚至会和它们打起架来，但那都是为了慈母龙一家更好的生活。

## 趣味问答

### 慈母龙真的有恋家情怀吗？

很多恐龙每年产蛋的时候都会在不同的地方筑一个新窝，可是慈母龙很特别，它们的窝建好后，每年还会记得回到原来的窝里继续产蛋。这一点很像现在的小燕子，如果你家的屋檐下也有一个燕子窝，它们每年春天都会寻路回到这里呢。慈母龙会把窝建在高原地区，因为那里有充足的阳光，还能躲避洪水，可是个风水宝地啊！

# 挖个地洞
## 来当家

    燕子的家在屋檐下，它的窝是用泥巴和稻草做的；猴子的家在树上，饿的时候可以吃树上的果子，困了，它就坐在树干上睡一觉。那恐龙的家是什么样的呢？很多恐龙都是随便找个地方睡觉，走到哪儿，住到哪儿。不过也有会建造家的恐龙哦，有一种恐龙像小老鼠一样，会在地下挖个洞当作自己的家。那它的家跟老鼠的家有什么不同呢？一起去参观参观吧！

# 会挖洞的恐龙叫什么？

　　这种很会挖洞的恐龙叫作掘奔龙，它名字的含义是"挖掘的奔跑者"。恐龙专家是在地下的洞穴里发现掘奔龙化石的，在那个弯弯曲曲的地洞里，有三只掘奔龙，一只是妈妈，另外两只是它的孩子。

　　掘奔龙生活在九千五百万年前，是一种比较小的恐龙。尤其是它们的头，奇小无比，竟然还没有一个拳头大呢。掘奔龙也

是用两条后肢来行走和奔跑的，短小的前肢只好垂在胸前，等待别的任务。

掘奔龙长着一条特殊的尾巴，和其他恐龙不同的是，它们的尾巴可没有那么僵硬，因为尾巴里没长骨腱，所以非常柔软，这为它们的地洞活动带来了很多方便哦。

## 掘奔龙怎么挖洞呢？

掘奔龙的鼻子很坚硬，而且稍微有点弯曲，这样的结构是非常有利于它们挖洞的。在掘奔龙找到满意的地界，准备在此安家的时候，它们就开始动工了！先用那锋利的小爪子把土挖松，然后，有力的前肢会把土捧起，扔到别的地方。它弯弯的背部在掘土时还能减小阻力。就这样不断地往地下挖洞，不断地运土，它的家很快就建好了。

## 掘奔龙有家人吗？

把地洞当家的掘奔龙比在外面风吹日晒的恐龙要幸福多了。在炎热的天气里，它们可以在地洞里避暑，天冷的时候又可以在这里取暖，有时还能有清凉的地下水喝。那掘奔龙的家里还有其他成员吗？

掘奔龙也是一种家庭观念很强的恐龙，它也和我们一样，家里有爸爸、妈妈和孩子。掘奔龙妈妈会在地洞里产蛋和孵化恐龙宝宝，不过等孩子长大了，小掘奔龙就要自己去挖一个新的家了，因为地洞一般都比较小，住不了那么多恐龙。

# 它也像小老鼠一样储藏食物吗?

小老鼠总会在自己的家里储藏一些好吃的,防止在找不到食物的时候饿肚子。这个鬼主意可不只是小老鼠的专利哦,就连以植物为主食的掘奔龙也会这样做。它常常会把一些吃不了的树叶、树枝等食物放在洞里储存起来。除此之外,它们还会在树洞里挖一些植物的根,这些都可以帮助它们度过那段缺少食物的日子。

## 趣味问答

### 恐龙能自己调节体温吗?

大部分恐龙都是冷血动物,冷血动物没有体内调温系统,所以它们不能自己调节体温,不过,它们的体温会随着环境的变化而变化,比如现在的蛇和鳄鱼等。因此,冷血动物一到寒冷的冬天就要进入一个长长的休眠期。

专家们发现有些恐龙是温血动物,也就是可以自己调节体温的动物。在显微镜的放大下,这个微小的秘密就被揭示出来啦!

# 长得像牛的恐龙

  如果问你，哪种恐龙头上长了一个角？你肯定会说出那个长得像犀牛的尖角龙。如果问你头上长两个角的是什么恐龙呢？你一定会眨巴着眼睛，想啊想，想啊想，然后问，还有长两个角的恐龙吗？告诉你哦！有一种恐龙，就长着一对像牛角一样的角，而且它的样子还很像牛呢！下面就一起去看看这个家伙吧。

# 像牛的恐龙叫什么?

这种长相像牛的恐龙也有一个名副其实的名字——食肉牛龙,意思就是"吃肉的、长得像牛的恐龙"。它身上和牛最相似的地方就是头上那两个大大的角。

食肉牛龙的块头很大,还长着一个巨大的脑袋。它的嘴里长满了像剔肉刀一样锋利的牙齿。它还长着一个大鼻子,说不定它的嗅觉还很灵敏呢!和它庞大的身体不太相称的,就是它那两条瘦小的前肢了,看着既小巧又可爱。在它的前肢上还长着四根指头,因为指头太小了,想必也没什么用处,只是一个摆设罢了。相比前肢而言,食肉牛龙的后肢就显得又大又长,强壮多了,而且后肢还可以和大尾巴相互协调,共同工作,最重要的表现就是能快速奔跑。

# 那个角有什么用?

　　小朋友们都知道,在牛的头上长着两个可爱的牛角,在食肉牛龙的眼睛上方,也长着一对突出的骨质,就像牛角一样。牛角可以用来攻击侵犯者,那食肉牛龙的角又有什么作用呢? 不会只是用来装饰的吧?

　　很长时间以来,科学家都没有给出一个很有说服力的说法。不过,

支持率比较多的说法是：这两只角除了作为交配时恐吓对手的武器以外，在争夺权利时，也可以通过撞角来进行比赛。另外，当敌人进行攻击时，也有可能会用上这个武器哦！

## 这个大脑袋很厉害吗？

人人都说大脑袋最聪明了，食肉牛龙就长了一个巨大的脑袋，但它

却没有人们想的那么聪明哦。

通过对它的头骨结构进行分析来看，虽然食肉牛龙的头部肌肉非常发达，可是它没有其他恐龙那样强有力的颚和下颌骨。所以古生物学家推断，食肉牛龙在那个时期生活得一定非常困难，它们的下颌根本无法与其他角鼻龙类争斗，还有一些大型的植食性恐龙，也会给它们的捕猎带来很大困难。

## 食肉牛龙的皮肤是什么样的?

食肉牛龙身上的皮肤非常特别，它可不像牛的皮肤一样光滑哦，而是像在水中畅游的鱼一样，身上长着很多大小不一的鳞片。这些鳞片大多数都是小圆圈形状的，但组合在一起时相互之间并不重叠，另外还有一些半圆锥形的鳞片，主要分布在食肉牛龙的后背上，看起来十分奇特！

# 食肉牛龙也是和牛一样吃草的吗？

从它的名字就可以看出，这个食肉牛龙应该是一种吃肉的恐龙。事实的确如此，它不仅吃肉，而且还很凶残呢！如果你看过它的图片就一定会有这样一种感觉，它那个大大的脑袋和圆圆的眼睛，像是随时准备扑过来一样。它的下颌不是特别有力，所以它很难捕获大型动物。不过，它的后肢长而健壮，非常有利于奔跑，所以它在捕猎小型动物时，就能很快地扑向猎物，还没等猎物反应过来，食肉牛龙就已经将它吃掉了。

## 恐龙的角会掉吗？

恐龙的角是会随着身体的长大而长大的，可能小恐龙刚出生的时候角很小或者没有角，但在慢慢长大的过程中，它们头上的角也就会越来越大。它们的角是不会脱落的，也不会更新出新的角来。如果哪天真的因为什么原因把角弄断了，它们也不会再长出新的角。

恐龙的角由两个部分组成：中间的骨核和起着保护作用的表层。一般恐龙的角表面看起来都有点亮亮的，很光滑。角在植食性恐龙中比较普遍，它们可以用角来推倒植物，刨树根，或者就是用角来吓唬敌人。

趣味问答

# 咚咚咚，大个子登场

　　"我怎么还这么矮啊？什么时候才能长得跟爸爸一样高呢？"小朋友们都好想快点长大、长高啊！那样就可以够到柜子上的饼干了，还可以跟爸爸一起打球呢！真恨不得一夜之间就长成一个大个子。不要着急嘛，我们人类的生长速度就是比较慢的，哪像那种恐龙啊，一年就能长好高好高。好奇了吧？什么恐龙能长那么快呢？它一年能长多高啊？它每天都吃什么呢？问题还真不少，那就赶快去看看世界上最高恐龙的生长秘籍吧！

# 最高的恐龙是谁?

一个恐龙专家无意中发现了目前世界上最高的恐龙——波塞东龙，它还有一个名字叫海神龙。波塞东龙生活在早白垩纪时期，是在北美洲出现的最晚的一种大型的蜥脚类恐龙。它的身高相当于十个一米八的大人叠加起来的高度，它能够很容易地摸到6层楼的窗户哦。通过古生物学家的大量研究和观察，发现波塞东龙和著名的恐龙明星——腕龙很有可能有血亲关系，另外波塞东龙甚至比这个恐龙明星还要巨大呢。

## 化石告诉了我们什么秘密?

波塞东龙的生长速度可以说是非常惊人的，它们从出生开始就疯狂地长呀长，长呀长……假设从蛋壳出来的小恐龙体长是1米，那么等它一岁的时候就能长到三米，体重能有半吨。到第三年的时候，它的体长就能达到10米，体重达到3吨。到了第十年，波塞东龙就算是成年了，个头就像现在我们看到的骨骼化石那么大。

从波塞东龙的化石来看，它们长着四个天然的颈椎骨和颈部肋骨，并且，它们的脊椎骨是目前世界纪录中最长的。

在对波塞东龙的骨头进行研究时发现，它们的骨头就像蜂窝一样，有许许多多的小洞。

## 它能抬着头走路吗？

在我们认识的一些高个子恐龙中，大多数在走路的时候，都只能把头微微抬起，不能高高地抬起头来，这主要是因为它们的脖子比较僵硬的缘故。不过，虽然波塞东龙的脖子十分长，但是骨细胞却非常细，所以它们的颈部很轻，而且它们的颈椎很灵活，所以能够很轻松地把那么长的脖子抬起来。这个长脖子抬起来的高度也是目前纪录的最高成绩哦！

# 趣味问答

## 为什么有的恐龙长得那么大？

虽然不是每个恐龙都是身体巨大的怪兽，但有些恐龙确实大得吓人。现在最大的动物是大象，但在大恐龙身边，那就像只不起眼的小猫咪。

恐龙的大块头能更好地防御敌人，不过个头大的恐龙肚皮也很大，要想喂饱自己就有点费劲了。有人说恐龙长得大是遗传的原因，它们的祖先就是比较大的动物。还有一种说法是在恐龙时代，地球上气候温暖湿润，植物生长茂盛，食物非常充足，在这样美好的自然环境里，恐龙就会向越来越大的个头进化。

# 从不偷蛋的
# 窃蛋龙

恐龙们的名字是怎么来的呢？那都是恐龙专家们根据恐龙的生活习惯或者它们的相貌特点给它们起的名字，不过专家们也会有弄错的时候。有一种恐龙，其实它是个很好很乖的恐龙，可是专家们却一直以为它是喜欢偷蛋的坏恐龙，那么这个深受不白之冤的恐龙到底是谁呢？我们赶紧去为它作证，帮它洗刷冤屈吧！

冤

# 窃蛋龙到底偷不偷蛋?

之所以给它起名叫窃蛋龙,是因为发现它的时候有一个小误会。美国的一支探险队最先发现了窃蛋龙的化石,而它正好躺在原角龙的一窝恐龙蛋上。科学家觉得在几千万年前,这个贼肯定是趁着原角龙妈妈离开的时候,偷吃了它的蛋,后来还没来得及逃走,却因为不明原因,在原角龙的窝边变成了化石。于是,科学家就给它起了这个不太好听的名字——窃蛋龙。

可是在好多年之后,科学家又发现了一只躺在一窝恐龙蛋上的窃蛋龙,不过这次的蛋可是窃蛋龙自己的宝宝,这只窃蛋龙像是在用这种方法来证明自己的清白。看来,真是人类冤枉这个好恐龙了。原来,窃蛋龙是位很爱孩子的好妈妈,在它感到危险来临时,便奋不顾身地躺在蛋上保护自己的宝宝。而很多年前的那只窃蛋龙,不过是碰巧路过而已。虽然已经真相大白了,可是人们已经习惯叫它窃蛋龙了。

# 没有牙齿的鸟嘴巴

　　窃蛋龙长得并不大，是较小的一种恐龙，形状有点像现在的火鸡，也有一条长长的尾巴。窃蛋龙有个奇怪的脑袋，头顶长有一个像鸡冠一样的突起，不过每只窃蛋龙的头冠可不都是一样的，这很有可能是它们性别的标志。

　　窃蛋龙还有个奇怪的嘴巴，它的嘴巴像鸟嘴巴一样又弯又长，而且里面没有牙齿。那它吃的食物是不是只能一口吞下去了啊？很有这个可能哦！

## 快跑快跑抓虫子

　　窃蛋龙的四肢都很健壮，后肢比前肢要长一些，并且还有非常锋利的大爪子。靠强壮的四肢它就

可以快速地奔跑，再加上敏捷的动作，抓虫子就非常容易了。不过窃蛋龙从不挑食，除了虫子，它也喜欢吃果实，或者海里的蛤蜊。

窃蛋龙的前肢上，各长有3个尖锐弯曲的爪子。其中大拇指能向另外两个指头弯曲过去，这应该就是用来抓猎物时，最有力的指头了。

## 趣味问答

### 窃蛋龙自己孵化宝宝吗？

对于窃蛋龙产下蛋后，是否会自己把它孵化出来，一直都是一个带有争议的话题。有一种分析是，窃蛋龙在产蛋前会用泥土做一个比较大的圆锥形巢穴，直径达2米，深1米，每个巢穴相距7至9米。大部分时候，它们是自己来孵化窃蛋龙宝宝的。可是它们的个头相比其他恐龙确实小一点，所以，聪明的窃蛋龙妈妈就会把植物的叶子覆盖在蛋窝里，让叶子在腐烂的过程中产生孵化所需的热量，进行自然孵化。

# 喜欢吃鱼的恐龙

  小松鼠喜欢吃松树上的松子；啄木鸟喜欢吃树洞里的虫子；咩咩叫的小羊喜欢吃嫩嫩的青草；猫咪喜欢吃鱼。那大恐龙最喜欢吃什么呢？你一定说它们喜欢吃肉。恐龙分两种，一种是吃肉的，一种是吃植物的。有一种很特别的大恐龙，它喜欢吃鱼，像个小馋猫。下面就来看看它是谁吧。

# 爱吃鱼的大恐龙是谁?

这种爱吃鱼的恐龙叫作重爪龙,它的拉丁文含义是"坚实的大爪子",因为它的爪子是到现在发现的恐龙化石里面最大的爪子。

重爪龙是一种长相奇特的恐龙,和一般的恐龙有很大区别。它长着扁长的脑袋,窄窄的嘴巴,很像现在的鳄鱼,而且嘴里长满了圆锥形的细细的牙齿。重爪龙的脖子不像别的恐龙那样弯弯的,它的脖子非常直,走路的时候总是伸着长长的脖子,身体低低的。另外它还长着十分强壮的后肢,上面还长着三根有力的指头,上面还长着一个长长的钩爪呢!

## 那时的鱼和现在的鱼一样吗?

现在,很多家庭都会在家里摆放一个大大的鱼缸,里面养着各种各样的颜色鲜艳的鱼儿,它们都很快活地游着,为家庭添加了不少活力。但是在一亿多年前的恐龙时代,那时的鱼可不像现在的鱼那么温顺可爱。

那时候,鱼是一种很可怕的动物。它们不仅个头比现在的鱼大好多,

有的甚至还长有硬硬的盔甲和尖尖的牙齿。不过，即使它们再可怕，也逃不过重爪龙的魔掌，只要重爪龙抓到一条，就够它美美地饱餐一顿了。

## 重爪龙是用爪子抓鱼吗？

重爪龙就像一个聪明的猎人，它在抓鱼时，会先把自己藏在黑暗的地方，耐心地等待鱼儿出现。鱼儿刚露出头，它就会用自己恐怖的大钩爪迅速向鱼儿扎过去，然后再用它锥形的大牙齿紧紧咬住滑溜溜的鱼，然后心满意足地把这条大鱼带到树丛中慢慢享用。重爪龙的捕鱼方法和现代大灰熊的捕鱼方法非常像呢。

## 重爪龙会吃掉恐龙吗？

对于食肉恐龙来说，有时也会残忍地捕杀其他种类的恐龙，这就是弱肉强食的表现。

就像大鱼吃小鱼，最厉害的才能够活下来，并得到一顿大餐。可是，虽然重爪龙是吃肉的恐龙，而且还长着锋利的大爪子。但是，它从来不会捉别的恐龙为食物。小朋友可能会想，重爪龙好善良啊！其实它们不捉恐龙吃是有原因的。那就是它们圆锥形的牙齿并不是很好的捕食工具，不像其他食肉恐龙的牙齿像小刀一样锋利。所以重爪龙最爱吃鱼，偶尔也只会吃一些已经死掉的恐龙。

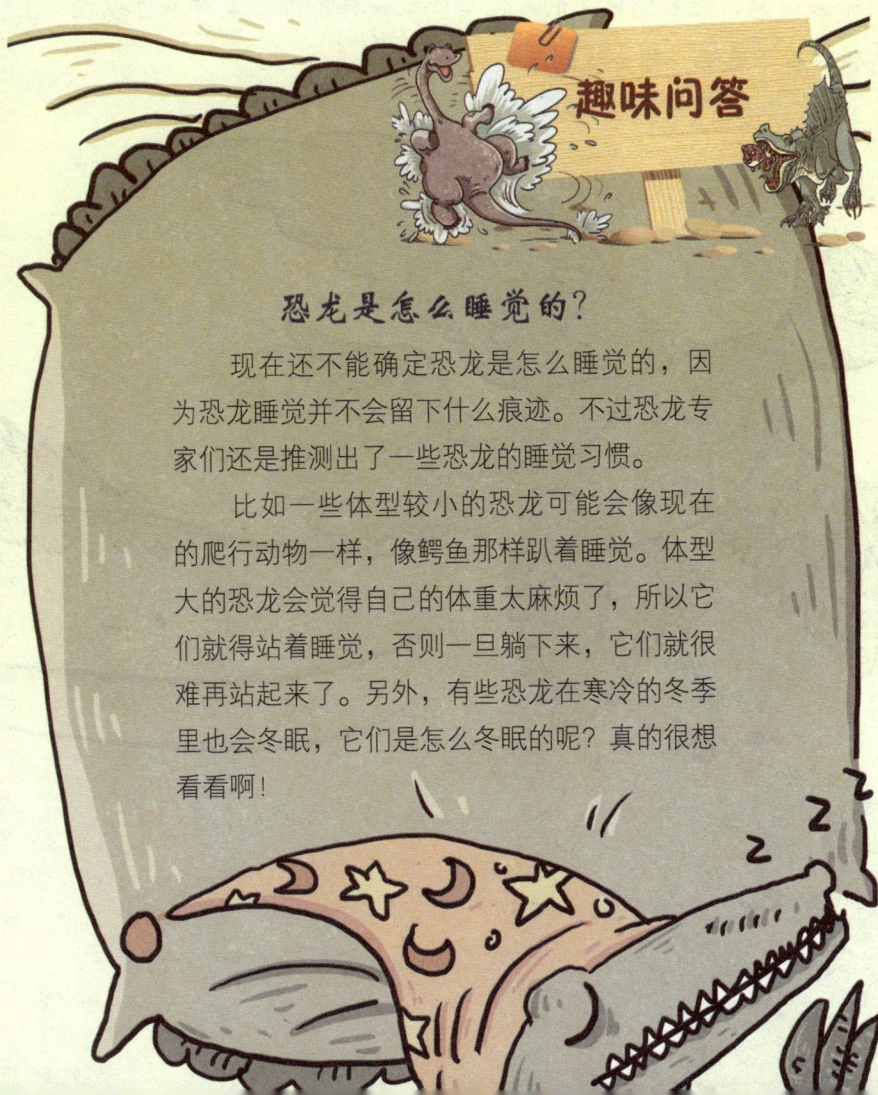

## 趣味问答

### 恐龙是怎么睡觉的？

现在还不能确定恐龙是怎么睡觉的，因为恐龙睡觉并不会留下什么痕迹。不过恐龙专家们还是推测出了一些恐龙的睡觉习惯。

比如一些体型较小的恐龙可能会像现在的爬行动物一样，像鳄鱼那样趴着睡觉。体型大的恐龙会觉得自己的体重太麻烦了，所以它们就得站着睡觉，否则一旦躺下来，它们就很难再站起来了。另外，有些恐龙在寒冷的冬季里也会冬眠，它们是怎么冬眠的呢？真的很想看看啊！

# 长着两对翅膀的
# 恐龙

我们羡慕小鸟能在天空自由地飞翔，也梦想哪天自己也能长出一对翅膀。很多小朋友喜欢坐飞机，那样就能飞到很高很高的天空，能看到窗外的朵朵白云，能看到地上的人像小蚂蚁一样。那恐龙可不可以在天上飞呢？接着往下看吧，你会找到答案的。

# 会飞的恐龙是谁?

我们经常能看到天空中自由飞翔的小鸟,它们都有着轻盈的身体,每一个转身都会留下漂亮的弧线。在很久很久以前,在这片蓝蓝的天空下,还飞翔着一个巨大的飞行者,它曾经也是陆地上的霸王,它的名字就叫顾氏小盗龙。在中国的辽宁地界,研究小组挖出了它们的化石,因为小盗龙的特殊本领,所以被认为是最会飞行的恐龙。

顾氏小盗龙的身材不大,但却长着一个大大的头骨,而且头骨上面的空隙很宽,这样就会减少一些重量,更有利于它飞行了。顾氏小盗龙的身上和尾巴上都长有羽毛,有趣的是,就连它的四肢上也长满了羽毛,所以,当它飞行的时候,张开的四肢就形成了两对翅膀,看起来有点怪怪的。在蓝蓝的天空中,那长长的尾巴也不甘示弱,充当起方向盘来,为顾氏小盗龙掌控方向、平衡身体,使它能更好地飞行!

# 小盗龙怎么飞呢?

介绍完这个长有两对翅膀的家伙,你会不自觉地望望天空,真的很难想象这个长着两对翅膀的家伙是怎么飞的,这该是怎样的奇观啊!于是恐龙专家们就仔细观察和研究,

最后终于琢磨出了顾氏小盗龙飞行时的样子。

顾氏小盗龙在飞行的时候，前面的一对翅膀会在上面拍打，后面的一对翅膀会稍微弯曲，折放在身体的下方，这样的话，它就能用双层翅膀来飞翔了。如果真是这样的话，顾氏小盗龙飞翔起来的样子，似乎有点像现在的双翼飞机啊！

# 它的羽毛漂亮吗？

在自然界中，有那么多会飞的鸟类，它们很多都有漂亮的羽毛。那么顾氏小盗龙身上的羽毛是什么样子的呢？是不是也有着艳丽的色彩呢？

古生物学家通过对化石的研究，推测出顾氏小盗龙可是一种十分美丽的恐龙哦，它身上的羽毛色彩斑斓，异常美丽。想象一下，在一亿三千万年前绿油油的森林里，一只长着两对翅膀的恐龙在高大的树木间飞行，姿态是那么地优雅，身影是那么地绚丽，真是一种奇妙的景象啊！说不定，那些正在凶猛地相互残杀的恐龙们见到天空中飞翔的小盗龙，也会为它的美丽而驻足观望呢！

## 中国哪些地方是恐龙之乡？

认识了这么多恐龙，那它们大多都是在哪里发现的呢？

其实，很多恐龙都是在中国发现的，中国可是被发现有恐龙化石的超级大国呢。中国的恐龙化石主要分布在云南、四川、西藏、山东、新疆、河南、辽宁、内蒙古等地。其中，四川和内蒙古被认为是恐龙之乡，因为那里有非常多的恐龙化石。除此之外，在河南也发现了很多恐龙蛋化石。而对于长有羽毛的恐龙化石来说，据世界统计，大多都发现于中国辽宁地区。

# 最早发现的
# 恐龙蛋是谁的？

恐龙属于爬行动物，和现在的海龟、鳄鱼一样，是用蛋来繁殖后代的。恐龙蛋化石是非常珍贵的化石，它是恐龙蛋经过好多年地质变化才形成的，有的蛋壳已经破碎，有的蛋里面还有未孵化出来的恐龙宝宝呢。那第一个被人们发现的恐龙蛋是属于哪只恐龙的呢？下面就来揭晓答案吧！

# 最早发现的恐龙蛋是谁的？

在动物界，有的小动物是像我们人类一样出生的，但也有很多动物生下来时是在一个脆弱的壳里面，要通过妈妈长时间的孵化才能破壳而出。可是对于很久很久以前的恐龙，人们很长时间以来，一直不知道它们也是产蛋后孵化出来的。直到美国的探险队在大沙漠里发现了最早的恐龙蛋化石，才证明了小恐龙是从蛋里出生的。这些恐龙蛋是一种叫原角龙的恐龙宝宝。

原角龙的个子并不高，它有一个大大的三角形脑袋，嘴巴跟小鸟的嘴巴一样，牙齿在口腔的两边，口腔的前面是空空的，没有牙齿。原角龙的前肢也是比后肢稍短一点，不过它们都非常健壮。另外，原角龙长着厚实的大脚丫，和现在犀牛的脚很像。在它的身后，那条长长的大尾巴，也很粗壮，看起来很是厉害呢！

## 原角龙到底有没有角?

一般，人类在给恐龙起名字的时候，都会根据它们的某一特点，赋予它们唯一的名字。那既然叫它原角龙，它肯定也长着角了。这你可就错了，原角龙可是个例外。因为原角龙根本没有角！不过，它自己没有角，但它却是有角恐龙的祖先哦！所以它才叫作原角龙。

在原角龙的额头和鼻子中间有个粗糙的小突起，这就是最原始的角的形状。原角龙还长着一个颈盾，很像一个大披风，一直遮盖到肩。这个颈盾可以保护它的脖子，让那些想要攻击它的恐龙只能看着干着急，这个颈盾还真是不一般啊！

## 它也是个慢性子吗？

我们每个人都有自己的性格，有的是急性子，有的是慢性子，这两种性格各有各的好处，也各有各的坏处。所以才流传着这样一句话，世界上没有十全十美的人。那么，在恐龙时代生活的原角龙，它也有自己的性格吗？当然也有了，告诉你一个小秘密，原角龙可是个慢性子哦。它常常会用四条腿慢悠悠地散着步，然后再慢悠悠地去寻找食物，不急不躁地填饱肚子。原角龙属于植食性恐龙，它最喜欢的食物就是鲜嫩多汁的叶子和根茎了。

# 原角龙妈妈很节俭

爸爸妈妈每天都非常辛勤地工作，他们教我们要节俭，所以懂事的我们都不愿做浪费粮食、乱花钱的坏孩子。那你知道吗？原角龙的妈妈也是这样教育自己的宝宝哦，它很可能是恐龙里面最节俭的妈妈了。它通常在做好一个蛋窝后，就会和很多原角龙妈妈一起把蛋产到同一个窝里，它们把这些蛋一圈一圈整齐排列好，然后用细细的沙子把蛋埋起来，再借助阳光的温度孵化出来。那这么多不同妈妈的蛋都在一起，哪个才是自己的孩子呢？这个问题确实很复杂，现在恐龙专家也没有解答出来。也许母子连心，它们可以通过心灵感应找到自己的孩子。

趣味问答

## 恐龙蛋是什么样的？

恐龙蛋的形状各种各样，有圆形的、椭圆形的、扁圆形的、橄榄形的，甚至还有像哈密瓜的。小的恐龙蛋很像现在小鸟的蛋；大的恐龙蛋，恐怕一个小朋友都抱不住呢！

恐龙蛋的外面是坚硬又耐干燥的外壳，壳上有很多小气孔，这些就是小恐龙在蛋里进行呼吸的"窗口"。而且，恐龙蛋的蛋壳还是世界上最厚的蛋壳呢。恐龙每次一般会产下10至20个蛋，恐龙蛋的孵化率也非常高，只要没有特殊情况，这些蛋都能孵化出可爱的小恐龙。

# 哇！它长了 三种牙齿啊！

我们的口腔里有三种牙齿，切牙是切断食物的，尖牙是用来撕碎食物的，磨牙可以磨碎食物。有一种恐龙，它的嘴巴里也有三种牙齿，这是什么恐龙呢？它都有什么牙齿呢？那些牙齿都有什么作用呢？问题不少，下面的内容就为你一一揭晓。

# 有三种牙齿的恐龙是谁?

在恐龙时代，有个长着三种牙齿的恐龙，它叫作异齿龙。这个异齿龙跟一只火鸡一般大，长着与鸟一样的后肢，别小看这样的后肢，它能让异齿龙跑得非常快呢。异齿龙吃东西的时候用四条腿站立，如果遇到其他恐龙的袭击，它就会利用那两条后肢的优势，快速地逃到远处。在异齿龙活动时，那条长尾巴就会在身后甩来甩去，帮助它保持身体的平衡。

## 三种牙齿长什么样?

在异齿龙的嘴巴两侧，颌部前方，长有一种小型牙齿；第二种牙齿是一对很大的长牙，也叫犬牙；第三种牙齿是长得略方方正正的牙齿。

异齿龙的这三种牙齿各有各的用处。小型牙齿是用来切断植物的枝叶和根部的；犬牙的作用还不太清楚，有专家说这是性别的区分点，也可以用来吓唬或者攻击敌人；第三种长而方的牙齿是用来咀嚼食物的，就跟我们人类两侧的磨牙一样的作用。

## 前肢的多功能本领

我们人类要经常运动，经常锻炼身体，这样才能保持好的身材，长出壮实的肌肉。研究人员通过对异齿龙的观察发现，在它的前肢上，长有特别发达的肌肉。它的掌部上长有五根指头，其中前三根指头都很长，而且非常尖锐，活动起来十分灵敏。但第四和第五根指头却短小很多。这些指头在异齿龙挖取汁液丰富的植物根茎时，会发挥出很大的作用哦。不仅如此，异齿龙还经常用这些指头来扒开白蚁的洞穴，因为异齿龙最喜欢用这些白蚁来为自己补充营养了！

# 异齿龙生活在哪里？

异齿龙生活在半沙漠化的环境里，它是一种吃植物的恐龙。异齿龙的身体十分轻盈，活动起来非常敏捷，跑得如同飞箭一般。它常以地面上的小草，或灌木丛里的植物为食。

科学家们想象出的异齿龙吃东西的样子是：它先用尖尖的嘴巴一点点啄下树叶或者根茎，然后并不急着嚼，而是先把食物放在嘴的两边，最后集中咀嚼。嚼的时候，它的下巴会左右运动，跟现在的牛羊吃东西的样子很像。

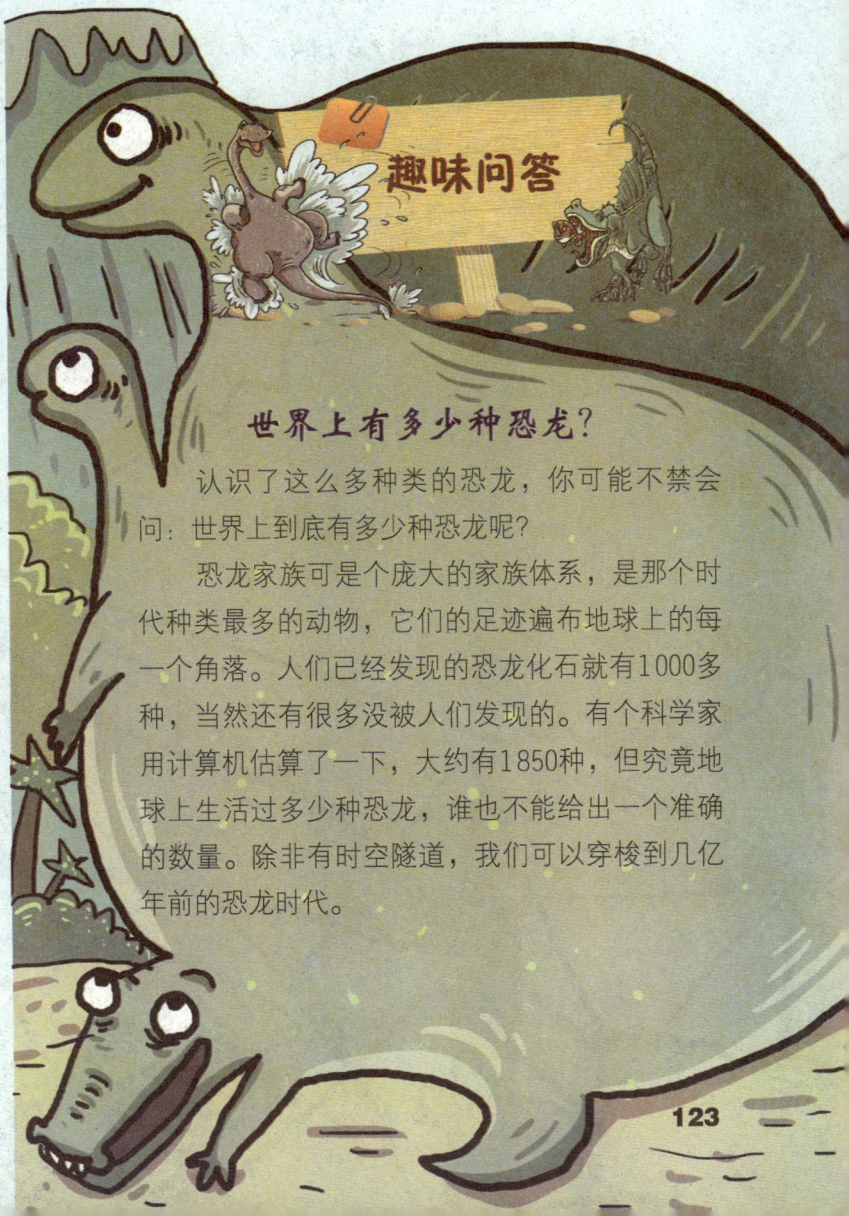

趣味问答

## 世界上有多少种恐龙？

认识了这么多种类的恐龙，你可能不禁会问：世界上到底有多少种恐龙呢？

恐龙家族可是个庞大的家族体系，是那个时代种类最多的动物，它们的足迹遍布地球上的每一个角落。人们已经发现的恐龙化石就有1000多种，当然还有很多没被人们发现的。有个科学家用计算机估算了一下，大约有1850种，但究竟地球上生活过多少种恐龙，谁也不能给出一个准确的数量。除非有时空隧道，我们可以穿梭到几亿年前的恐龙时代。

# 谁是最早的 "飞行家"？

　　美国奥维尔·莱特兄弟是人类最先完成飞天梦想的人，他们最先发明制造出名为"飞鸟"的飞机，并且成功地完成了试飞。因此，莱特兄弟为人类的航空事业开辟了新纪元。在恐龙时代，也有一个最早开创飞行纪录的恐龙哦！它是谁呢？作为第一只会飞的恐龙，它又会带来怎样有趣的故事呢？我们马上回到那个时代去看看这个"飞行家"吧！

# 古老的"飞行家"

在意大利附近，人们曾意外地收获了一个恐龙化石，这个恐龙化石可是目前发现的最古老的翼龙之一，它就是翅龙。

在人类发现的有飞行本领的恐龙中，翅龙是最早展开双翅，自由飞翔的爬行动物之一。但它却不是第一个梦想冲入蓝天的哦。早在它之前的很多爬行动物，早就梦想着有一天能够到天空中去游览一番了，在梦想的推动下，它们已经学会了最基本的滑翔本领，只是受到先天条件的限制，它们最终也没能像翅龙那样遨游于天空。可是翅龙却完成了它们未完成的梦想，成为最古老的"飞行家"！

# 会飞的恐龙长什么样子？

让翅龙感到最得意的，就是它那像纸一样薄的翅膀。小小的翅膀近乎透明，可它却是翅龙最有利的飞行工具。

会捕捉飞虫的翅龙，嘴里长有一排细细的、像针一样尖利的小牙齿，这在捕捉飞虫时起到了非常重要的作用。翅龙还有一条大尾巴，这条长长的尾巴也和其他恐龙的尾巴一样，可以保持翅龙身体的平衡，这样就能保证翅龙在飞行中准确无误地捕捉到猎物了。

## 翅龙的身材好棒哦！

想要飞行，拥有一个灵巧的身体就显得尤为重要了。可是恐龙的体型总会让我们和"庞大"一词联系到一起，那翅龙是怎么飞起来的呢？这就要告诉你一个小秘密喽！原来是它保持好身材的结果哦。它的身体重量刚刚好，不重也不轻，这样在它张开翅膀飞行的时候，就会随风自由地飞行了。不过，这也有个麻烦，如果当它着陆后，没能及时把翅膀合拢起来，一阵风吹来，它就会像只风筝一样被风吹跑的。所以当它们不飞行的时候，都会好好地把这对翅膀藏起来，给自己减少不必要的麻烦。

## 翅龙的美餐食谱！

翅龙的饮食很特别，它不吃大鱼大肉，也不吃鲜嫩的枝叶，它最主要的食物是昆虫。当它们看到一种昆虫时，就会紧紧地盯上，不吃到嘴里决不罢休。等时机一到，它就会快速扇动着翅膀直冲过去，一下就把飞虫叼到了嘴里。通过这种方法，翅龙每天都能为自己捕捉到很多很多的食物，这些小小的昆虫越积越多，也能让翅龙填饱肚子哦。

**趣味问答**

## 翅龙为什么要把自己挂在树上？

　　了解过翅龙在空中飞来飞去如何捕捉昆虫后，不禁想起飞在空中不断忙碌着的小燕子，它们可真是辛勤呢。但翅龙可不总是在忙忙碌碌哦，因为它懂得劳逸结合。想偷懒的时候，翅龙就会悠闲地把自己挂在树上，它那灵活的脖子此时也会转动着捕捉周围的昆虫，只是，这时不再是为了填饱肚子而捕食昆虫了，而是作为它们的悠闲乐趣或是零食。你看，即便不用翅膀，翅龙一样可以捕捉到新鲜的猎物呢！

# 头上插着
## "羽毛"的恐龙

　　羽毛似乎是很多动物的标志，它们各自穿着自己独特的羽衣，那鲜艳的颜色让我们看了都会羡慕呢。于是在很多的装饰品中，也用羽毛衬托出温馨、柔和的一面。就连小朋友都爱玩儿的毽子也是用各种羽毛做的呢，它们不仅好玩，作为收藏品也是很有意思的哦。瞧，有只恐龙就将一个羽毛作为收藏品，高高地插在头上呢。它是用来做什么的呢？一起去了解一下吧！

128

# 它是鸟还是恐龙？

这世界真是无奇不有，在很远很远的恐龙时代，有一种恐龙竟然和现代的某种鸟类长得很像，而且捕食的习性也近乎雷同，它是谁呢？

这种恐龙生活在白垩纪晚期，它所处的位置是今天北美洲地界。它的长相和现代的鹈鹕一样，也有一个大大的喙，在喉颈部还有一个深深的皮囊，这种恐龙就是无齿翼龙。无齿翼龙不仅有飞行的本领，而且还能像鹈鹕那样，用那张大大的喙打捞水里的鱼，当作自己的美餐。

## 它的翅膀是怎么来的？

无齿翼龙本来也和其他行走在陆地上的恐龙一样，拥有健全的四肢。但是，由于生活环境的改变，无齿翼龙的前肢在很多次蜕变后，就变成了一对超大且可以飞行的翼，形成了典型的会飞的爬行动物。

不过，它的飞行并不是特别顺利。每当它想要飞起来时，都要费好大的力气来扇动翅膀，直到飞入空中后，有气流为它保驾开路，它才能

平稳地滑翔。这时，不用费一点力气，它就可以轻松地横渡江河了。

## 头上的大羽毛有什么用？

无齿翼龙长了一张非常大的喙，这似乎又加重了它飞行起来的难度呢。不过还好，在它的头顶上，还长着像长长的羽毛一样的骨冠，这个骨冠奋力地向后伸展着，与无齿翼龙头部的喙保持平衡。

当研究人员发现无齿翼龙的这一特征时，争论也随即展开了，很多人都在猜测究竟这个"大羽毛"有什么作用呢？难道是用来遮阳的？这显然不可能，因为它只是长得有点像帽子而已，还达不到遮阳的效果。更多的人则认为，它有可能是用来向同伴发出通告的，因为现代有很多种鸟类就是用彩色羽毛完成这一任务的。但因此展开的联想并没有得到证实，小朋友也可以一同开动脑筋发挥想象哦！

# 无齿翼龙累了怎么办？

对于一般的恐龙来说，疲劳的它们只能在陆地上的某个地点休息，可是无齿翼龙是既能飞又能爬的"多功能"恐龙啊！那它休息的时候会不会与其他恐龙有所不同呢？

的确如此，会飞的无齿翼龙能够像蝙蝠一样，利用后肢将自己倒挂在树枝上，荡着秋千睡大觉。也可以把翅膀收起来，回到久别的陆地上，用四肢在地面上做短距离的爬行，享受片刻"脚踏实地"的感觉。它们的休闲方式是不是很特别呀？

## 无齿翼龙也穿了"羽绒服"吗？

通常情况下，只要说到会飞的动物，我们就会不由自主地想到它们一身的羽毛，似乎那身羽毛已经成为飞行动物的代名词了。无齿翼龙的飞行，同样也给人们带来了很多的遐想。

有些人认为，无齿翼龙肯定长着一身厚厚的羽毛，这身羽毛还特别光滑，它不仅能使无齿翼龙自由翱翔，同时还能为它御寒保暖。可是究竟这样的猜测是不是对的呢？相信在对化石进一步了解后，很快就会找到答案的。

趣味问答

# 天使恐龙的
# 修炼史

　　小朋友对"天使"这一词应该不陌生，它是童话中能够为人们带来幸福和快乐的可爱的孩子们。人们还会用这个称呼来形容帮助别人的好人，比如，我们可敬的护士阿姨，就会被称为"白衣天使"哦。但可怕的恐龙也被称作天使，这是不是有点儿不可思议呢？这只恐龙究竟是谁？一起去目睹一下这个"恐龙天使"的尊容吧！

# 最美最美的恐龙

在英国，安琪儿象征着美丽的天使，如果谁能得此称号，就说明她的很多地方都被人们所认可，这通常是用来形容美女的。在很久很久以前的恐龙时代，就有一只"美女"恐龙荣获此佳名，被称作安琪龙。

安琪龙是一种体型非常小的原蜥脚类恐龙，有着极为敏捷的身体，能用后肢平稳地奔跑于陆地上。它生活在侏罗纪早期，在现在的非洲和北美洲等地活动。在发现它后，有人就十分感慨地称呼它为"最美丽的恐龙"。

## 漂亮也要有证据哦！

谁都喜欢被夸赞漂亮，这样草率地评价安琪龙为最漂亮的恐龙，可是会引来其他恐龙的不满哦！说话也要有证据的，它究竟是凭借哪些"地方"才被称为最美恐龙的呢！

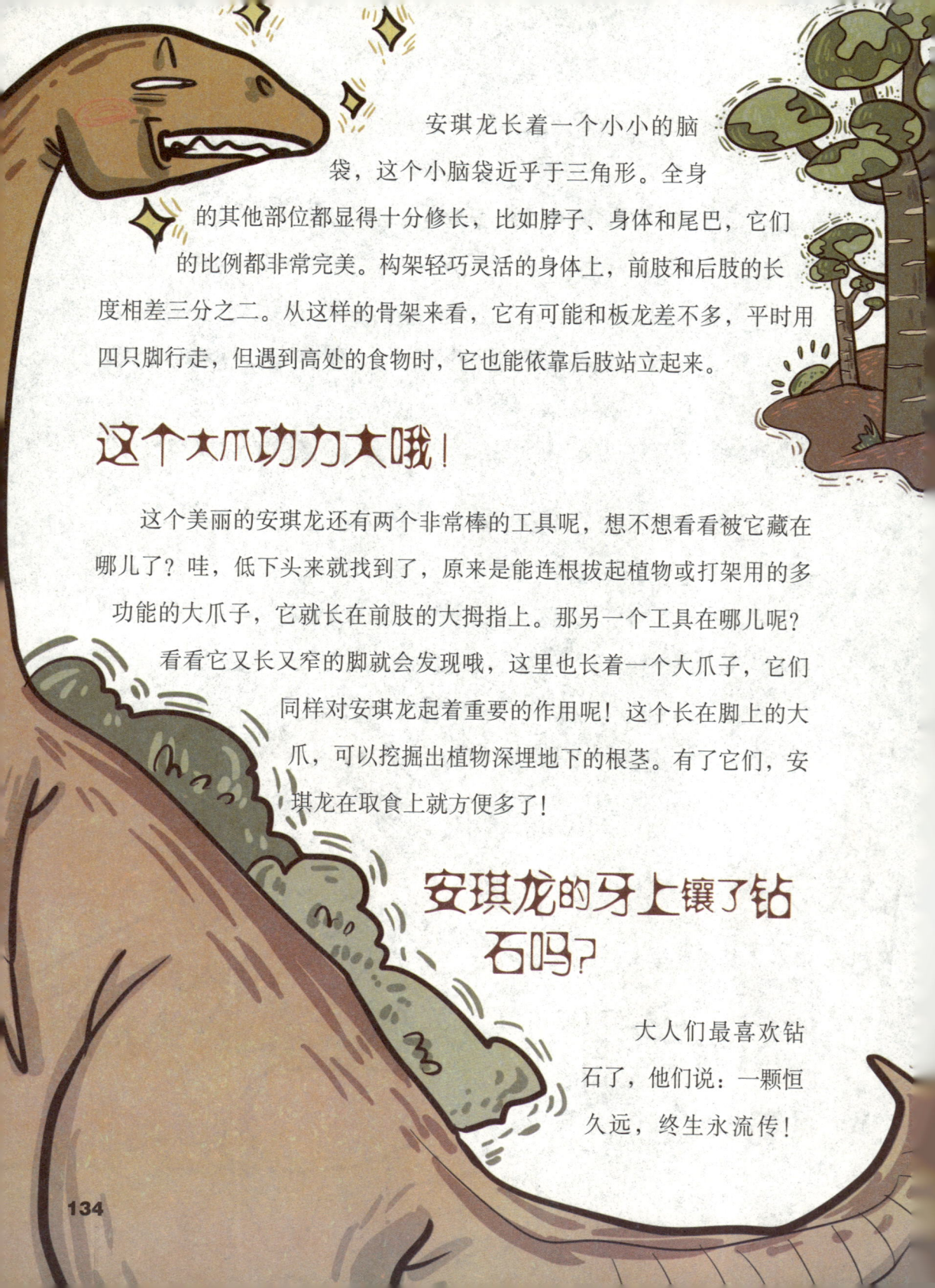

安琪龙长着一个小小的脑袋，这个小脑袋近乎于三角形。全身的其他部位都显得十分修长，比如脖子、身体和尾巴，它们的比例都非常完美。构架轻巧灵活的身体上，前肢和后肢的长度相差三分之二。从这样的骨架来看，它有可能和板龙差不多，平时用四只脚行走，但遇到高处的食物时，它也能依靠后肢站立起来。

## 这个大爪功力大哦！

这个美丽的安琪龙还有两个非常棒的工具呢，想不想看看被它藏在哪儿了？哇，低下头来就找到了，原来是能连根拔起植物或打架用的多功能的大爪子，它就长在前肢的大拇指上。那另一个工具在哪儿呢？看看它又长又窄的脚就会发现哦，这里也长着一个大爪子，它们同样对安琪龙起着重要的作用呢！这个长在脚上的大爪，可以挖掘出植物深埋地下的根茎。有了它们，安琪龙在取食上就方便多了！

## 安琪龙的牙上镶了钻石吗？

大人们最喜欢钻石了，他们说：一颗恒久远，终生永流传！

这样看来，小小的钻石可是价值不菲哦。生长在远古时代的安琪龙的嘴里就藏着一个大宝库呢！因为它的每一颗牙都酷似一颗超大的钻石，这在当时，足够让被称为天使的安琪龙更显贵族气质了。这个"钻石牙齿"不仅非常漂亮，而且还很实用呢，因为这种形状的牙齿非常适合取食树叶。

趣味问答

### 安琪龙是怎样觅食的？

安琪龙是一种安静而温柔的恐龙，它只吃植物。当它觅食时，会用两条后肢站立着，把头伸向高处，寻找它们爱吃的食物。另外，它还长着尖尖长长的嘴巴，但嘴巴里的牙齿却一点也不锋利，所以安琪龙就只能做个只吃树叶的乖乖龙了。在它吃东西的时候，不紧不慢，姿态优雅，看起来还真像个有教养的纤纤玉女！

# 恐龙中的
# 小·不点儿！

　　中国的小品里，曾经有过这样一段经典台词："凡是浓缩的都是精品。"此话不出几年，市场上就出现了各式各样的"浓缩"产物，小巧、精致的东西让人们爱不释手。然而，在古生物学家发现的恐龙里，也出现了一个小不点儿恐龙。这个小不点儿又有着怎样高超的本领呢？一起去看看它们会为我们带来什么样的故事吧！

# 恐龙中的小不点儿!

嗵嗵嗵,恐龙中的小不点儿来喽!这个身高不足一米的小家伙叫作莱索托龙,它在恐龙家族里属于植食性恐龙。在它出生时,妈妈就给了它一把剪刀般锋利的嘴,这个嘴巴长得还很特别呢,在它的嘴边有一层角质覆盖物,可以用来很好地剪切植物哦。

在剪刀形的嘴巴里,有一口长相各式各样的牙齿,别看这些牙齿不整齐,好难看,但是这些不同的牙齿用途可大着呢,而且还各有分工。最特别的就是长在颌骨两边的牙齿,它们的形状就像箭头一样,尖尖的,能帮助恐龙紧紧地咬住食物。这样,莱索托龙在取食方面就方便多啦!

# 它们的生存遇到了危险吗？

生活在侏罗纪时期的小不点儿莱索托龙，总会面临食肉恐龙带来的威胁，因为这个时期正是食肉恐龙的繁盛期，它们在整个侏罗纪时期，都是恐龙中的老大。可偏偏莱索托龙又没有任何攻击武器，这不是为难这个小不点儿嘛！

其实事情并没有那么糟，莱索托龙虽然长得个子小小的，也没有锋利的牙齿和爪子，但是它却有另一个强项，这个强项就是快跑。莱索托龙有着轻盈的身体，粗壮的大腿和细长的小腿，这些条件刚好适合弹跳。所以它跑起来会非常快，能力一般的捕食者可是很难追到它哦！

## 莱索托龙的大家族！

有很多凶狠的恐龙性格都十分古怪，不喜欢与其他恐龙共处，只喜欢单独行动，如果有同类进入它们的领地，还会展开一场激烈的斗争。可是，这个小个子莱索托龙却不这么想，它们认为大家都住在一起那才热闹呢，才有家的气氛。而且有入侵者时，它们虽然没

有攻击的本领，可是庞大的数量还是有可能吓跑入侵者的。

莱索托龙喜欢把家族搬到半沙漠地区去生活，因为，食肉恐龙很不喜欢这样的环境，这样一来，莱索托龙就可以减少遇到食肉恐龙的机会了。可是，尽管半沙漠地区的环境那么恶劣，莱索托龙还是顽强地存活了下来。在这点上，你有没有觉得这个"小不点儿"比食肉恐龙还要强大呢？

## 趣味问答

### 快跑能手是怎样练成的？

莱索托龙还有另外一个称号——快跑能手。这是因为它跑得非常快，并且能够平稳安全地跑好远好远。可是，它那么小的身体，是什么支撑着莱索托龙跑得这么好呢？原来这个秘密就藏在它的尾巴上，它的尾巴总是笔直笔直地挺立着，而全身的平衡点都重重地落在了臀部上，这样一来，不管它跑多快，跑多远，都不会出现摇摇晃晃的现象。

# 好奇怪的
# "奇异果"!

奇异果是热带的一种水果，深受人们的喜爱。但如果这个奇异果长在了恐龙的头上，小朋友还敢不敢吃呢？奇异果不是长在树上的果实吗？怎么会跑到恐龙的头上呢？这个"奇异果"也能吃吗？长在恐龙头上的是真的奇异果吗？如果让小朋友展开联想，就算一天一夜，也不能打开聪明的小朋友的思路，所以我们还是在下面的文字中找找答案吧！

# 这个"奇异果"是谁呢?

想必很多小朋友都猜到了,长在恐龙头上的肯定不是真的奇异果。真聪明!这种恐龙叫作双脊龙。因为它的头上长了两个头冠,整个形状看起来很像奇异果,也正因此,双脊龙又被称为双冠龙,这个名字的意思是,有两个头冠的蜥蜴。

双脊龙是最早的大型食肉恐龙之一,但它却没有食肉恐龙那么大的块头。双脊龙长得很苗条,行动也十分敏捷,看起来好像要去争抢什么奇异的好东西呢!

## 捕猎的好武器

长在双脊龙头上的两块骨冠,是它的标志。这两个骨冠又薄又圆,并且平行排列。在骨冠的下颌骨处,上下颌都长有刀刃一般的牙齿,十分锋利。

除了骨冠和牙齿以外，双脊龙还长着前端极为狭窄的嘴巴，非常灵活。这些特殊的构造可以帮助双脊龙从石缝或矮树丛中把细小的小动物拉出来，作为它的美餐。

## 双脊龙的美餐

双脊龙很聪明，他会根据自己的身体结构来追捕猎物。它常常会追捕一些力量薄弱的植食性恐龙让自己饱餐一顿。比如，又重

又迟缓的蜥脚类恐龙就是它们的最爱，还有小型的鸟脚类恐龙等。因为双脊龙的后肢非常发达，脚趾也极为锐利。所以，当一场进攻开始后，双脊龙用它的后肢猛地扑向猎物，然后再挥舞着利爪迅速抓住猎物，并用锋利的牙齿死死地将它咬住，这顿美餐就到手了。

## "中国双脊龙"面世啦！

在中国云南省昆明市禄丰县的地层中，古生物学家们发现了一副近乎完美的兽脚类恐龙骨架，经过观察和对比，古生物学家发现它的相貌同在美国亚利桑那州北方发现的双脊龙化石非常相似。最为惊喜的是，这具兽脚类恐龙化石的脑袋保存得非常好，而且顶部还有两个耸起的双脊。因为是在中国挖掘出来的，所以给它正式命名为"中国双脊龙"。

## 趣味问答

### 长得像"奇异果"的高冠有什么用？

对于消失了几亿年的双脊龙，人们对它的一些生活习性和特征，都还处于研究和推测期。对这个奇特的高冠进行研究后，人们猜想，它很有可能是被当作工具来用的。因为雄性双脊龙是非常好斗的。在两个雄性双脊龙的争斗中，头冠较大的一方往往占有优势，成为胜利者；除此之外，还有一种说法是它们的头冠颜色比较艳丽，很像现在公鸡的头冠一样，只是作为吸引异性的工具而已。究竟它有什么作用呢？无人能给出一个准确的答案，小朋友也可以一同想象一下哦。